Brahim Damnati

Les changements climatiques au Maroc

Brahim Damnati

Les changements climatiques au Maroc

Depuis le dernier maximum glaciaire jusqu'à aujourd'hui

Presses Académiques Francophones

Impressum / Mentions légales
Bibliografische Information der Deutschen Nationalbibliothek: Die Deutsche Nationalbibliothek verzeichnet diese Publikation in der Deutschen Nationalbibliografie; detaillierte bibliografische Daten sind im Internet über http://dnb.d-nb.de abrufbar.
Alle in diesem Buch genannten Marken und Produktnamen unterliegen warenzeichen-, marken- oder patentrechtlichem Schutz bzw. sind Warenzeichen oder eingetragene Warenzeichen der jeweiligen Inhaber. Die Wiedergabe von Marken, Produktnamen, Gebrauchsnamen, Handelsnamen, Warenbezeichnungen u.s.w. in diesem Werk berechtigt auch ohne besondere Kennzeichnung nicht zu der Annahme, dass solche Namen im Sinne der Warenzeichen- und Markenschutzgesetzgebung als frei zu betrachten wären und daher von jedermann benutzt werden dürften.

Information bibliographique publiée par la Deutsche Nationalbibliothek: La Deutsche Nationalbibliothek inscrit cette publication à la Deutsche Nationalbibliografie; des données bibliographiques détaillées sont disponibles sur internet à l'adresse http://dnb.d-nb.de.
Toutes marques et noms de produits mentionnés dans ce livre demeurent sous la protection des marques, des marques déposées et des brevets, et sont des marques ou des marques déposées de leurs détenteurs respectifs. L'utilisation des marques, noms de produits, noms communs, noms commerciaux, descriptions de produits, etc, même sans qu'ils soient mentionnés de façon particulière dans ce livre ne signifie en aucune façon que ces noms peuvent être utilisés sans restriction à l'égard de la législation pour la protection des marques et des marques déposées et pourraient donc être utilisés par quiconque.

Coverbild / Photo de couverture: www.ingimage.com

Verlag / Editeur:
Presses Académiques Francophones
ist ein Imprint der / est une marque déposée de
OmniScriptum GmbH & Co. KG
Heinrich-Böcking-Str. 6-8, 66121 Saarbrücken, Deutschland / Allemagne
Email: info@presses-academiques.com

Herstellung: siehe letzte Seite /
Impression: voir la dernière page
ISBN: 978-3-8381-7536-2

Copyright / Droit d'auteur © 2014 OmniScriptum GmbH & Co. KG
Alle Rechte vorbehalten. / Tous droits réservés. Saarbrücken 2014

Remerciements :

Ce travail est publié avec le soutien du Ministère de l'Enseignement Supérieur et de la Recherche Scientifique, de l'Université Abdelmalek Essaâdi et de la Faculté des Sciences et Techniques de Tanger (Maroc).

Je voudrais remercier ici les nombreux collègues en France, en Belgique, en Grande Bretagne, en Suède, en Allemagne, en Afrique et surtout au Maroc avec qui j'ai eu des discussions très fructueuses et des projets de recherche très importants.
Je tiens à remercier également mes doctorants avec qui j'ai appris beaucoup de choses, en particulier S. Ibrahimi, I. Etebaai, H. Reddad, H. Benhardouze, O. Benhardouz et Kh. El Khoudri.

A ma mère, mon père, mes sœurs et mes frères. A Noura, Yassin et Wissam.
Sans oublier le « Chergui » de Tanger la blanche, les « Smaims » de Meknès l'Ismailienne et le Mistral de Marseille la grande.

Table des Matières

PREFACE _____ 09

INTRODUCTION GENERALE _____ 11

Partie 1: Rappel

Chapitre1

Quelles sont les principales causes des variations naturelles du climat ?

Introduction _____ 19

1. Tectonique des plaques: Dérive des continents et paléogéographie ___ 19
2. Les causes astronomiques _____ 21
   a. Le climat et la précession des équinoxes _____ 21
   b. Le climat et l'inclinaison de l'axe de la Terre _____ 22
   c. Le climat et l'excentricité de l'écliptique _____ 23
   d. La théorie de Milankovitch _____ 24
3. Le volcanisme _____ 26
4. Albedo _____ 28
5. Collision de la Terre avec une météorite _____ 29
6. Activité solaire _____ 30
7. Conclusion _____ 31

Chapitre2

Comment reconstituer le climat passé ?

Introduction _____ 33

I. Les informations climatiques _____ 34

I.1. Les sources des données climatiques _____ 34

I. 2. Les archives naturelles _____ 35
   a. La géomorphologie et la sédimentologie _____ 36
   b. Les sédiments océaniques _____ 36
   c. Les récifs coralliens _____ 37
   d. Les glaces _____ 37
   e. Les pollens _____ 40
   f. Les diatomées _____ 40
   g. Les archives lacustres _____ 41
   h. Les loess _____ 46

i. La dendroclimatologie _____ 46
j. Les documents historiques _____ 47
k. Les spéléothèmes: stalactites et stalagmites _____ 48
II. Méthodes d'analyse _____ 48
1. La faune océanique et le climat _____ 49
2. Les isotopes de l'oxygène _____ 50
III. Datation des paléoclimats _____ 51
IV. Conclusion _____ 52

Partie 2:
Un aperçu global sur les variations climatiques durant le Quaternaire

Chapitre 3
Les variations du climat durant le Quaternaire: Un aperçu global

Introduction _____ 57
1. Le début du Quaternaire _____ 58
1.1. De 2.4 à 0.9 Ma BP _____ 59
1.2. De 900 000 ans BP à nos jours _____ 60
1.3. Le dernier maximum glaciaire _____ 61
2. La fin du Quaternaire _____ 64
a. Gaz en traces et aérosols _____ 64
b. Changements eustatiques du niveau marin _____ 65
Conclusion _____ 66

Chapitre 4
Les variations climatiques en Afrique du Nord depuis 30 000 ans jusqu'à l'actuel

Introduction _____ 69
I. Sédimentation continentale: "archives" de reconstitution des variations paléoclimatiques et paléoenvironnementales _____ 71
II. Les paléo-données des lacs d'Afrique du Nord: la nouvelle compilation des données des lacs 72
1. Région d'afrique du Nord, Sahara et Sahel _____ 72
2. Région d'Afrique de Nord-Est _____ 72
III. Le climat en Afrique du Nord depuis 30 000 ans B.P jusqu'à l'actuel _ 73
1. La période pré-maximum glaciaire (entre 30 000-21000 ans B.P) _ 73
2. Le dernier maximum glaciaire _____ 74

3. L'optimum climatique Holocène _____ 76
IV. Comparaison des paléo-données des lacs et les modèles climatiques _____ 77
V. Les principales causes des variations du climat en Afrique du Nord _____ 80
Conclusions _____ 82

Partie 3:
Les changements climatiques au Maroc
Chapitre 5
Les variations climatiques au Maroc depuis le dernier maximum glaciaire jusqu'à aujourd'hui

Introduction _____ 87
1. Le climat au Maghreb _____ 87
1.1. Le climat au Sahara _____ 88
2. Le climat marocain actuel _____ 89
2. 1. Température _____ 90
2. 2. Précipitation _____ 90
2. 3. Sécheresse _____ 91
3. Reconstitution du climat au Maroc depuis le dernier maximum glaciaire (21 000 ans B.P) jusqu'à l'actuel _____ 92
   3.1. Les principaux résultats obtenus par l'étude des sédiments de dunes, paléodunes, sols, paléosols et paléorivages _____ 93
   3.2. Les principaux résultats obtenus par l'étude des séquences lacustres _____ 95
   3.2.1. Site de Tigalmamine _____ 99
   a. Pléistocène supérieur entre 18 000? et 10 000 ans _____ 99
   b. Holocène inférieur entre 10 300 et 6700 ans _____ 99
   c. Holocène moyen entre 6700 et 3000 ans _____ 101
   d. Holocène supérieur entre 3000 ans et l'actuel _____ 102
   3.2.2. Site de Sidi Ali _____ 105
   3.2.3. Sites d'Ifrah, Iffer et Afourgagh _____ 105
   a. Les résultats de l'étude des sédiments anciens _____ 106
b. Comparaison entre les résultats minéralogiques, géochimiques et comptage des microcharbons des sédiments anciens du lac Ifrah. _____ 111
c. Les changements environnementaux et l'action anthropique au cours du 20ème siècle au lac Ifrah, Iffer et Afourgagh _____ 114
   c.1. Au lac Ifrah _____ 114

c.2. Au lac Iffer _____ 116
c.3. Au lac Afourgagh _____ 117
Conclusion _____ 119

Chapitre 6
Le climat du Maroc au cours du XVIIIème et XIXème siècle en se basant sur les documents historiques

Introduction _____ 121
I. Le climat du Maroc à partir du XVème siècle _____ 122
II. Le climat du Maroc au XVI ^{ème} siècle _____ 122
III. Le climat du Maroc au XVII ^{ème} siècle _____ 122
IV. Les données historiques et le climat du Maroc à partir du XVIIIème siècle 124
   1. La famine du 1721 à 1724 _____ 124
   2. La famine du 1737 à 1738 _____ 125
   3. La peste entre 1742 et 1744 _____ 125
   4. La grande famine de 1776 et de 1779-1782 _____ 125
   5. La famine de 1825-1826 (la peste 1798-1800)(prospérité de 1801-1816): 126
   6. La famine de 1847-1851 _____ 127
   7. Période 1890-1894 _____ 128
   8. La sècheresse de 1896-1898 _____ 128
   9. Conséquences de la famine au cours de cette période _____ 128
V. Conclusions _____ 129

Chapitre 7
Le climat du Maroc au XIXème et XXème siècle en se basant sur la dendroclimatologie: cas du cèdre de l'atlas marocain *(Cedrus atlantica Manetti)*

I. Introduction _____ 131
II. Dendrochronologie et paléoenvironnement _____ 132
III. Les sites échantillonnées _____ 133
IV. Principe et méthodes d'étude des cernes des arbres _____ 135
   1. Principe _____ 135
   2. Méthodologie _____ 136
   3. Fiabilité _____ 137
   4. Etude statistique _____ 138
V. Quelques résultats et discussion _____ 138
Conclusion _____ 141

Partie 4:
Les futurs changements climatiques?
Chapitre 8
Les futurs changements climatiques?

Introduction _____ 145
1. C'est quoi l'effet de Serre _____ 145
2. Les principaux gaz à effet de Serre (GES) _____ 146
a. Vapeur d'eau _____ 148
b. Dioxyde de carbone (CO_2) _____ 148
c. Méthane (CH_4) _____ 148
d. Oxyde nitreux (N_2O) _____ 148
e. Les chlorofluorocarbones (CFC) _____ 149
f. Ozone (O_3) _____ 149
3. L'Homme est-il responsable de l'effet de Serre _____ 149
4. Albedo des nuages _____ 150
5. Evolution récente du gaz carbonique, du méthane et de l'oxyde nitreux 150
5.1. Evolution du gaz carbonique _____ 150
5.2. Les puits du gaz carbonique _____ 152
5.3. Evolution du méthane et de l'oxyde nitreux _____ 153
6. Est-ce que le climat actuel change ? _____ 153
7. Les modèles climatiques _____ 155
8. Conséquence du déséquilibre climatique _____ 156
a. La température _____ 156
b. Précipitations _____ 156
c. Ressources en eau _____ 158
d. Désertification _____ 159
e. Elévation du niveau de la Mer _____ 159
f. Agriculture _____ 162
g. Ecosystèmes _____ 162
h. Faune et flore _____ 163
i. Santé _____ 164
j. Urbanisme _____ 165
k. Phénomènes extrêmes _____ 165

9. Existe-t-il des analogies avec le climat passé _____ 166
10. Conclusion _____ 166

Chapitre 9

Les futurs changements climatiques au Maroc et leurs impacts

Introduction _____ 169
1. La politique et le climat: Depuis protocole de Kyoto (PK) à la COP7 _ 169
1.1. La convention cadre des nations unies sur les changements climatiques 170
1.2. Protocole de Kyoto (PK) _____ 170
1.3. La COP 7 à Marrakech _____ 171
1.4. Le mécanisme pour un développement propre (MDP) _____ 172
2. Le Maroc et les changements climatiques _____ 173
3. Que prédisent les modèles climatiques pour le Maroc à l'horizon 2100 175
4. Le Maroc est-il vulnérable aux changements climatiques _____ 180
5. Le Maroc face aux éventuels impacts aux changements climatiques _ 183
   a. Impacts sur les ressources en eau _____ 183
   b. Impacts sur l'agriculture _____ 183
   c. Impacts sur les forêts _____ 184
   d. Impacts sur les écosystèmes et sur la biodiversité _____ 185
   e. Impacts sur la santé _____ 185
   f. Autres impacts _____ 186
6. Quelques mesures d'adaptation du Maroc aux changements climatiques 186
7. Conclusion _____ 188
CONCLUSIONS GENERALES _____ 191
Références bibliographiques _____ 201
Annexe 1 _____ 219

Message de Sa Majesté le Roi Mohammed VI
Aux participants de la Rencontre Internationale sur
« Le changement climatique : enjeux et perspectives pour le Maroc »
Organisée par l'Institut Royal des Etudes Stratégiques à Rabat, le 16 octobre 2009

« Le Maroc, à l'instar de l'ensemble des pays de la planète, subit les effets des changements climatiques avec les spécificités que lui confèrent sa position géographique et les particularités de ses écosystèmes.

Notre pays a, des le départ, partagé avec la Communauté Internationale la forte conviction d'agir, suite à la prise de conscience universelle... »

«...s'attacher à explorer les voies et les moyens permettant de formuler les approches d'adaptation pour le court terme...analyser les réorientations nécessaires de nos modes de production, de nos méthodes d'action, de nos programmes et de nos projets de développement pour préparer l'avenir sur des bases scientifiquement avérées. »

« Le véritable enjeu réside dans la capacité à trouver le bon compromis entre les exigences du développement et le souci de réduire les émissions gazeuses et d'assurer une exploitation rationnelle des ressources naturelles. D'ou la nécessité de favoriser une dynamique de croissance verte et d'adopter des outils de mesure appropriés. »

«..ces stratégies ne peuvent se limiter à des solutions techniques, mais elles requièrent, également, un engagement déterminé pour une appropriation de cette mbition nationale par l'ensemble des citoyens. Le développement durable, garant de la pérennité du progrès social et de la solidarité intergénérationnelle, doit répondre à la double exigence d'une solidarité spatiale et d'une solidarité sociale. »

Préface

Le climat de notre planète a connu une variabilité naturelle importante au cours des 500.000 dernières années. La température moyenne annuelle a connu des variations extrêmes. Une alternance entre des glaciations (périodes froides) et interglaciations (périodes chaudes) en fonction de certains cycles astronomiques (cycles de Milankovitch) a été mise en évidence. Ces changements climatiques cycliques ont affecté à différents degrés les différents écosystèmes terrestres.

L'Afrique a connu des variations climatiques qui répondent à des changements globaux. Ces variations ont des effets spectaculaires, bien visibles sur le terrain, dans les latitudes arides actuelles. Vers l'Equateur, les changements moins visibles sont cependant plus importants que ceux qui étaient déduits des données océaniques ou des modèles. Les modifications portent sur des superficies de millions de kilomètres carrés. Les effets de ces changements sur l'extension des principaux géobiomes (couverture minérale, couverture végétale, sols, zones humides, etc.) ont des conséquences sensibles sur le cycle global de l'eau et du carbone, et donc probablement sur les changements globaux eux-mêmes.

Au fur et à mesure que s'affine et se généralise l'application des méthodes d'étude physiques (magnétisme, radar, séismique, etc.), chimiques (isotopes, matière organique, etc.), biologiques (pollens, diatomées, etc.), à l'étude des remplissages lacustres, des découvertes paléoclimatiques très importantes se multiplient.
A toutes les échelles de temps, on constate des oscillations dans l'analyse statistique de l'enregistrement des indicateurs. A l'échelle du Quaternaire, les rythmes astronomiques sont mis en évidence à travers la complexité du milieu continental, notamment dans la contribution des apports éoliens ou fluviaux aux océans. A l'échelle de la dernière déglaciation, les changements abrupts comme le "Dryas récent" apparaissent dans la sédimentation lacustre. L'analyse des lamines pluri-annuelles indique aussi des variations importantes qui sont à l'échelle de la sécheresse ou des inondations enregistrées de notre siècle (Damnati, 1993a et b).

A la précision des chronologies utilisées, il semble bien que les principaux évènements sont synchrones quelles que soient les latitudes. Cependant l'importance des lacunes, par exemple dans les dépôts lacustres de l'Afrique de l'Est, laisserait une incertitude sur le synchronisme parfait entre l'Hémisphère Nord et l'Hémisphère Sud.

Le réchauffement climatique actuel ne date pas d'hier. C'est sa récente accélération qui inquiète. Evaluée à 0.74°C durant le 20ème siècle, les scénarios les plus optimistes prévoit une hausse de la température de 0.2°C les vingt prochaines années (GIEC, 2007). Le Sommet de Rio de 1992, l'entrée en vigueur de la Convention Cadre des Nations Unies sur les Changements Climatiques (CCNUCC) en 1994 et les différents rapports d'évaluation du Groupe d'experts intergouvernementaux (GIEC) et du Panel International des Changements Climatiques (IPCC) pour l'étude du climat ont mis un accent particulier sur l'impact du réchauffement du système climatique sur les systèmes naturels et les mécanismes qui les régissent. Le GIEC (2007)(2013) a déclaré qu'à l'échelle du globe, le réchauffement globale est confirmé par plusieurs changements affectant les océans et les continents, tels que : une hausse des températures moyennes de l'atmosphère et de l'océan, une fonte massive de la neige et de la glace, une élévation du niveau moyen de la mer et une augmentation de la fréquence et/ou l'intensité de certains phénomènes météorologiques extrêmes (Sécheresses, inondations, ouragans,...).

INTRODUCTION GENERALE

Le système climatique est extrêmement complexe. Il est contrôlé par un ensemble de « sous systèmes» tel que : l'atmosphère, l'hydrosphère, la cryosphère, biosphère, etc (fig. 1). De ce fait, il ne répond pas linéairement aux forçages auxquels il est soumis. La reconstitution des changements climatiques du passé, pour lesquels les causes premières sont maintenant bien connues (par exemple les changements de l'insolation liés aux variations de l'orbite de la Terre autour du Soleil) témoigne de variations de grande amplitude qui affectent tant les températures que le niveau de la mer et qui ne peuvent s'expliquer que par la mise en œuvre d'un ensemble de rétroactions jouant un rôle amplificateur. Certaines d'entre elles sont susceptibles de se développer en des temps compatibles avec la durée d'une vie humaine. Ces changements abrupts, typiques d'un système non linéaire, indiquent que nous ne sommes pas à l'abri d'une modification majeure et brutale des conditions climatiques moyennes auxquelles nous sommes habitués depuis le début de l'ère industrielle.

Les travaux des paléoclimatologues ont permis d'effectuer des percées spectaculaires et de découvrir des variations qui n'avaient jamais été soupçonnées au sein du système climatique, notamment les changements de la teneur atmosphérique en gaz à effet de serre liés au bouleversement naturel des cycles biogéochimiques et ceux de la circulation océanique associés à des modifications mineures du régime hydrologique. En outre, ils ont conduit à la découverte de périodes pendant lesquelles le climat évoluerait très rapidement. En effet, la vitesse avec laquelle le climat était susceptible de changer était restée inconnue pendant fort longtemps, parce que les enregistrements géologiques ne pouvaient être datés avec une précision suffisante pour évaluer la durée réelle d'une transition climatique majeure.

La croissance de la concentration des gaz à effet de serre dans l'air due aux activités humaines est susceptible d'entraîner au siècle prochain un réchauffement du climat dont l'amplitude reste encore difficile à quantifier. Une compréhension encore insuffisante des rétroactions internes au système atmosphérique explique en grande partie ces incertitudes que les dynamiciens du climat s'efforcent de réduire. Les expériences numériques réalisées en particulier en France ont pour objectif d'analyser l'importance de la représentation physique des nuages dans les modèles de circulation générale de l'atmosphère, afin de mieux évaluer la validité des prévisions du climat futur qui sont effectuées à l'aide de ces modèles.

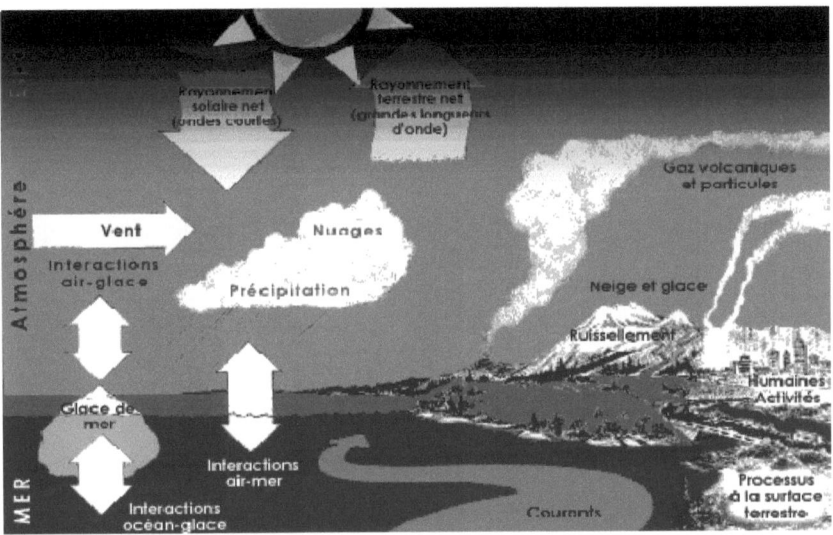

Figure 1 : Schéma simplifié des principaux éléments du système climatique (www.ipcc.ch/pdf/assessment-report/).

La simulation des variations des températures de surface et des précipitations associées à un doublement de la concentration en gaz carbonique montre un réchauffement moyen de 4°C, mais il est réparti de manière très hétérogène. Les changements de température sont plus importants aux hautes qu'aux basses latitudes, parce que dans la région tropicale la chaleur est transportée par la convection atmosphérique dans la haute troposphère. Ils sont aussi plus importants sur les continents dont la capacité thermique est plus faible que celle de l'océan. Au contraire les changements du régime des précipitations sont plus intenses aux basses latitudes, parce que le niveau de saturation en vapeur d'eau de l'atmosphère varie considérablement avec la température dans les régions chaudes. On observe ainsi un déplacement des cellules convectives tropicales et une augmentation des précipitations aux moyennes latitudes, mais la zone méditerranéenne et sahélienne est sujette à des sécheresses qui seraient catastrophiques si ces simulations devaient se montrer réalistes.

Si le risque climatique futur est bien établi, la simulation correcte de ses conséquences à l'échelle régionale reste très difficile, notamment parce que les nuages, par leur action sur le bilan radiatif de l'atmosphère et les rétroactions qu'ils engendrent, constituent une source majeure d'incertitude.

Le Maroc de par ses caractéristiques atmosphériques et géographiques, n'a guère été épargné par le réchauffement climatique et les phénomènes extrêmes qui en résultent. Les fortes inondations (1997, 2002, 2006, 2008 et 2009), les sécheresses sévères (1981-1984,1991-1995), ainsi que la hausse de fréquence des incendies de forêt qu'a connue le pays ces dernières décennies en témoignent. A partir de certaines études basées sur le scénario moyen du GIEC : « *IS92a* » avec une sensibilité moyenne du climat et le maillage de SCENGEN, sept modèles de circulation générale (MCG) ont été considérés pour les simulations climatiques à l'horizon 2020. Les résultats des projections pour l'ensemble du pays indiquent:

- Une tendance nette au réchauffement de l'ordre de 0.7°C à 1°C ;
- Une tendance à la réduction du volume moyen annuel des précipitations de l'ordre de 4% ;
- Une augmentation de la fréquence et de l'intensité des sécheresses ;
- Une augmentation de la fréquence et de l'intensité des incendies de forêt ;
- Un dérèglement des précipitations saisonnières.

Atteignant les limites, la situation des ressources hydriques (superficielles et profondes) dont dispose le Maroc à l'instar des variations cycliques extrêmes (essentiellement, la succession de cycles de sécheresse aiguë) s'avère alarmante. Les écosystèmes auront à faire face à des températures et un régime de précipitations différent des conditions actuelles et engendrant une intense dégradation soit :

- L'assèchement, la perte et la transformation d'habitats ;
- La perte de fonctions, de qualités écologiques et de biodiversité ;
- Les impacts liés à la sécheresse naturelle.

Plusieurs travaux récents portant sur l'état des lieux de l'environnement marocain ont confirmé une forte détérioration des systèmes naturels (dysfonctionnement des écosystèmes naturels, dégradation des terres et désertification) suite à l'instauration structurelle des conditions de sécheresse. Selon la direction nationale (1995), le Maroc vit actuellement l'épisode sec le plus long de son histoire actuelle. Agoumi et Debbarh (2005) révèlent que durant les cinquante dernières années, nous sommes passés d'une sécheresse tous les dix ans les années 50-60 à deux ou trois sécheresses. Malgré les progrès qui ont été réalisé afin de comprendre l'occurrence de ce phénomène, les incertitudes sur les chaînes de causalité restent méconnues. Comprendre le comportement du phénomène de sécheresse et y faire face, nécessite l'élaboration de synthèse de très nombreuses informations à propos de la variabilité naturelle, de la périodicité et de l'intensité des variations climatiques

Ce livre est la deuxième édition de notre livre publié en 2006 sous le titre **« LES VARIATIONS CLIMATIQUES PASSEES, ACTUELLES ET FUTURES : UN APERCU GLOBAL ET REGIONAL (AFRIQUE ET MAROC)»**. Cette nouvelle édition est consacrée particulièrement au Maroc.

Dans la première partie de ce livre, nous rappelons les principaux paramètres qui contrôlent les variations naturelles du climat et les indicateurs des reconstitutions climatiques passées. La deuxième partie présente une synthèse globale et particulièrement en Afrique du Nord des principales variations climatiques qu'a connu la Terre depuis le quaternaire jusqu'à l'actuel. La troisième partie est consacrée aux derniers travaux dans le domaine de l'hydroclimatologie au Maroc. Elle donne quelques résultats inédits sur les changements climatiques depuis la dernière glaciation jusqu'à aujourd'hui en utilisant plusieurs méthodes. La quatrième et dernière partie traite les futurs changements climatiques et donne quelques prévisions du climat marocain en se basant sur un modèle climatique, ainsi que les impacts de ces changements sur l'environnement.

Quelles sont les principales causes des variations naturelles du climat?

« Trois choses influent sur l'esprit de l'homme : le climat, la politique, la religion »

Voltaire 1756

Partie 1

Rappel

Quelles sont les principales causes des variations naturelles du climat?

Chapitre 1

Quelles sont les principales causes des variations naturelles du climat?

Introduction

Le climat ne varie pas d'une façon aléatoire, mais naturellement en suivant des rythmes ou périodes bien spécifiques.

A l'échelle des temps géologiques, la Terre a connu de nombreux changements climatiques. Certaines périodes furent globalement plus chaudes que le climat actuel. La Terre a également subi des périodes plus froides qu'aujourd'hui, qui ont conduit à trois phases majeures de glaciation au cours des 540 derniers millions d'années. Les causes de cette succession de longues périodes chaudes ponctuées d'épisodes froids sont loin d'être élucidées. Plusieurs théories ont été soulevées. Nous parlerons dans ce chapitre des théories les plus plausibles et les plus publiées.

1. Tectonique des plaques : dérive des continents et paléogéographie

Trois processus, conséquences de la tectonique des plaques, conduisent à ces changements. Tout d'abord, les continents dérivent sous l'effet de la convection du manteau terrestre, ce qui modifie leur position. Des collisions entre deux plaques continentales se produisent épisodiquement, créant des chaînes de montagnes, par exemple l'Himalaya ou les Alpes. Enfin, le niveau de la mer varie au gré du climat et la vigueur de la tectonique des plaques, immergeant ou découvrant des surfaces continentales. La combinaison de ces mécanismes explique l'évolution des paléogéographies de la Terre.

Comment agissent ces changements paléogéographiques sur le climat? La Terre reçoit plus de soleil à l'équateur qu'aux pôles. L'excès de chaleur des basses latitudes est transporté par l'atmosphère et les océans vers les hautes latitudes. Si l'on modifie la distribution des continents et des océans, les circulations atmosphérique et océanique évoluent en exportant plus ou moins de chaleur vers les pôles: on assiste alors à un changement climatique à l'échelle du globe.

Un continent, qui dérive en latitude, voit son ensoleillement varier, donc son climat changer. Dans le cas d'une dérive longitudinale, l'ensoleillement reçu est identique. En revanche, la circulation atmosphérique à grande échelle peut avoir évolué en réponse à la position respective des continents. Actuellement, aux moyennes latitudes de l'hémisphère Nord, les continents (Amérique du Nord et Eurasie) alternent avec les océans (Pacifique et Atlantique). Cette alternance est responsable de la formation en hiver d'ondes planétaires qui pilotent la circulation atmosphérique. Celles-là ramènent de l'air polaire sur le nord-est de l'Amérique du Nord alors que de l'air doux associé à un courant chaud océanique (le Gulf Stream) maintient un climat tempéré sur l'ouest de l'Europe. Elles obéissent, non seulement à la répartition continent/océan, mais aussi aux reliefs qui influencent la circulation atmosphérique. En effet, une masse d'air est contrainte soit de contourner, soit de passer par-dessus la chaîne de montagnes. Cela peut avoir pour conséquence d'engendrer un climat très différent de part et d'autre de la zone de relief. Cette situation se rencontre dans les montagnes Rocheuses en Amérique du Nord où la côte Pacifique est pluvieuse, alors que les grandes plaines canadiennes sont peu arrosées. Dans le cas de la surrection d'un relief, les zones situées à proximité peuvent donc connaître des changements climatiques opposés.

À l'échelle locale, le climat est évidemment fonction de la latitude et de l'altitude du site mais aussi de la proximité d'un océan ou d'une mer. Lorsqu'elles sont importantes, les variations de niveaux marins peuvent même conduire à des changements climatiques susceptibles d'affecter tout un continent.

Les transformations paléogéographiques influencent également le climat de manière indirecte. La modification de la configuration des océans rétroagit sur la circulation océanique et de ce fait sur le climat global. Enfin les changements de composition chimique de l'atmosphère ont un impact considérable sur le climat. La teneur de l'air en dioxyde de carbone (CO_2), gaz à effet de serre, fluctue au gré de l'évolution des sources de CO_2 (volcanisme) et de ses puits.

Les changements paléogéographiques sont donc capables de modifier profondément le climat même s'ils n'expliquent pas l'intégralité des changements climatiques que la Terre a connu depuis 4,5 milliards d'années.

2. Les causes astronomiques :

Dès 1842, le mathématicien français Joseph Alphonse Adhémar avait esquissé une première explication du dernier âge glaciaire. Pour lui, celui-ci avait été provoqué par des variations de l'ensoleillement de la Terre, liées à la précession des équinoxes.

Les décennies qui suivirent contribuèrent à l'amélioration de cette théorie en incluant en plus l'excentricité de l'orbite terrestre et l'inclinaison de l'axe de rotation de la Terre. En 1932, le mathématicien Milankovitch donnait naissance à la théorie astronomique des variations climatiques de notre planète (Imbrie et al., 1988 ; Berger et al., 1988 ; Beger, 1992 ; Berger & France Loutre, 2004).

a. Le climat et la précession des équinoxes :

En réalité, les étoiles sont fixes et c'est au contraire la Terre qui est animée d'un mouvement de rotation sur elle-même (fig. 2). Le déplacement du point autour duquel nous voyons les étoiles tourner implique que l'axe de rotation de la Terre ne conserve pas une direction fixe dans l'espace. Cette dérive résulte du fait que la Terre n'est pas parfaitement sphérique. En effet, elle a la forme d'un ellipsoïde quelque peu déformé à cause de son activité tectonique. A l'équateur, son diamètre est voisin de 12750 km, alors que la distance entre les deux pôles est seulement 12710 km. Cette forme ellipsoïde est due à la rotation de la terre sur elle même et à la force centrifuge qui crée un bourrelet équatorial de matière terrestre. Ce bourrelet est soumis aux forces d'attraction gravitationnelle du soleil et de la lune. D'Alembert, au XVIIème siècle, a calculé que dans ces conditions, notre planète doit osciller comme une toupie. Son axe de rotation décrit un cône autour de la direction perpendiculaire au plan de l'écliptique. Ce mouvement, appelé précession axiale, est très lent puisque l'axe reprend la même position tous les 26000 ans. Une conséquence importante du mouvement de précession est de changer la relation existant entre la variation annuelle de la distance de la terre au soleil et le cycle des saisons.

Qualitativement on peut aisément comprendre l'influence de la précession des équinoxes sur l'évolution du climat de la terrestre. Il faut réaliser que c'est l'hémisphère Nord qui joue ici un rôle important parce que les glaciers sont susceptibles de s'y développer, tandis que la calotte glaciaire qui recouvre le continent Antarctique ne peut guère croître davantage.
11000 ans plus tôt, la situation était inversée. La terre était loin du soleil pendant l'hiver boréal et près pendant l'été. C'était donc l'hémisphère nord qui présentait le contraste saisonnier maximum. Cette situation a coïncidé avec la fonte des calottes glaciaires qui recouvraient le Canada et le Nord de l'Europe.

b. Le climat et l'inclinaison de l'axe de la Terre :

L'influence de l'attraction gravitationnelle des autres planètes sur la nôtre se manifeste également par une variation de l'inclinaison de l'axe de rotation terrestre. Il y a 11000 ans l'inclinaison était plus grande, car elle venait de passer par un maximum supérieur à 24°. 20000 ans plus tôt, l'inclinaison passait par un minimum proche de 22°. Considérées sur plusieurs millions d'années, les valeurs des maxima fluctuent, mais l'inclinaison de l'axe autour duquel tourne notre planète reste comprise entre 22° et 25°. Là encore, ces variations ne peuvent être décrites que par un développement en séries de fonctions sinusoïdales du temps. Le calcul montre que celles-ci possèdent toutes des périodes très voisines de sorte que les maximums reviennent tous les 41000 ans environ (fig. 2).

L'influence des variations de l'inclinaison de la Terre sur le climat se fait surtout sentir aux hautes latitudes, puisque plus le flux d'énergie arrivant sur l'horizon, plus il nous réchauffe. Plus l'inclinaison sera forte, plus le chauffage solaire sera intense sur les hautes latitudes pendant l'été. Au voisinage du pôle, un calcul trigonométrique élémentaire montre que les variations d'inclinaison survenues pendant l'été quaternaire se sont traduites par une fluctuation de 14% de l'énergie interceptée au solstice d'été. Ceci est loin d'être négligeable.

c. Le climat et l'excentricité de l'écliptique :

Les variations de l'inclinaison, tout comme celles de la précession des équinoxes, ne modifient pas l'énergie totale interceptée par la Terre. Elles changent seulement sa répartition saisonnière aux différentes latitudes. Mais l'orbite elliptique que la Terre parcourt autour du soleil peut également être plus au moins allongée. Les mathématiciens mesurent cet allongement par un paramètre qu'ils appellent excentricité et qui caractérise la différence entre le grand axe et le petit axe de l'ellipse. Lorsque l'excentricité est nulle, la trajectoire de la Terre est circulaire et n'a jamais dépassé 6% au cours des derniers millions d'années.

La variation de l'excentricité de l'écliptique entraîne aussi celle de la distance moyenne entre la Terre et le soleil ; lorsque sa trajectoire est une ellipse allongée, la terre reçoit annuellement plus de chaleur que lorsqu'elle décrit une orbite circulaire. Cet effet est toutefois très faible et l'écart extrême que l'on peut calculer ne dépasse pas 0,2%. Un calcul simple montre que cela ne devrait entraîner qu'une variation de la température moyenne du globe de quelques dixièmes de degré. Cependant, cette perturbation du budget énergétique s'ajoute aux effets des fluctuations des paramètres astronomiques et nous pensons que l'ensemble constitue la cause première de la succession quasi périodique des glaciations de la Terre. Les périodicités sont très variables, la plus importante est proche de 40000 ans, ensuite des périodicités comprises entre 90000 et 120000 ans sont dominantes et leur valeur moyenne est voisine de 100000 ans (fig. 2).

d. La théorie de Milankovitch :

L'analyse spectrale des séries permet alors de déterminer quelles sont les composantes sinusoïdales dominantes dans l'évolution des paramètres de l'orbite terrestre et dans l'insolation reçue par la Terre. Autrement dit, les mathématiciens sont maintenant capables de déterminer avec précision quelles sont les plus importantes pseudo-périodicités qui doivent apparaître dans l'évolution du climat de la terre, si la théorie de Milankovitch est exacte (fig. 2). Il n'est pas surprenant que l'on retrouve ainsi des périodes voisines de 100 000 ans pour l'excentricité et de 41 000 ans pour l'inclinaison de l'axe de rotation de la Terre. Une première surprise est venue de ce que la précession des équinoxes présente deux périodes dominantes, l'une de 19000 et l'autre de 23 000 ans, alors que le calcul approché d'Alembert n'avait conduit qu'à une seule valeur de 22000 ans. La seconde surprise est venue des géologues marins, qui engrangèrent enfin les bénéfices des efforts qu'ils avaient fournis pour reconstituer quantitativement les climats anciens et établir une échelle de temps précise pour l'ensemble du dernier million d'années. L'évolution du volume des glaces continentales (déduites des analyses isotopiques) et celle des températures de l'océan Indien (déduite des analyses de faunes fossiles et donc entièrement indépendante des analyses isotopiques) présentent quatre composantes périodiques hautement significatives. Celles-ci sont présentes dans tous les enregistrements paléoclimatiques et coïncident avec celles issues des calculs d'André Berger (1992), ce qui suggère que les variations d'insolation doivent jouer un rôle de stimulateur pour les variations climatiques bien que l'énergie mise en jeu soit faible, de la même façon que les stimulateurs cardiaques fonctionnant sur batterie suffisent à imposer leur rythme à un cœur un peu paresseux.

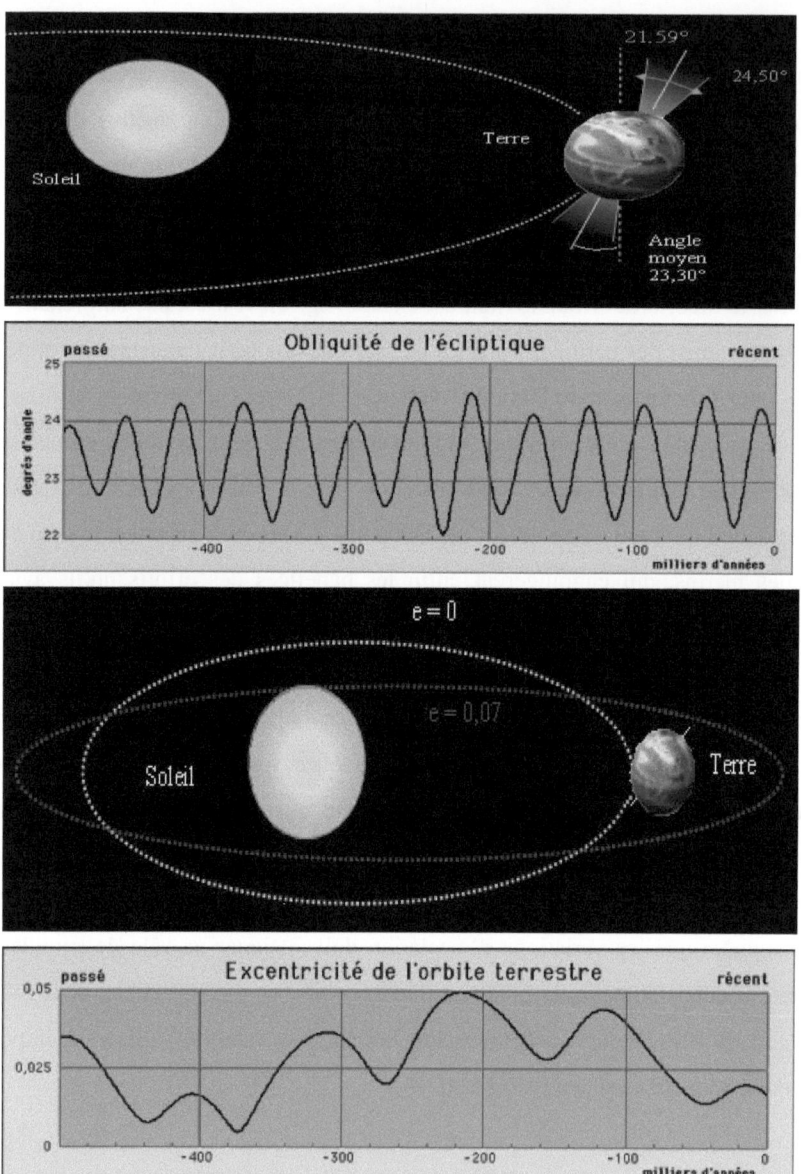

Figure 2 : Les causes astronomiques des variations climatiques cycliques: la précession, l'inclinaison (haut) et l'excentricité (bas)(http://www.les-crises.fr/climat-14-milankovitch/; http://la.climatologie.free.fr/glaciation/glaciation.htm).

3. Le volcanisme

B. Franklin avait suggéré que l'éruption du Laki en Islande en 1783 était responsable de la rigueur de l'hiver 83-84.

Les volcans et les rifts médio-océaniques sont une source continue de gaz qui accompagne ou non les extrusions de lave. Leurs effets météorologiques ne sont pas fonction de l'abondance de ces laves, mais dépendent de la densité, de l'étendue et de la persistance du voile atmosphérique formé par les aérosols (particules solides ou liquides en suspension). Les aérosols non volcaniques (des déserts par exemple) résident de façon relativement brève dans la troposphère. Ils sont lessivés par les pluies ou entraînés vers les pôles, où les glaces témoignent de l'intensité de ce transport. Par contre, les aérosols volcaniques sont projetés dans la stratosphère et ont un temps de résidence plus long.

Ces aérosols sont de deux types :

1 – Les aérosols silicatés (cendres et poussières) plus importants lors des éruptions type explosif. Ils peuvent créer des volets de poussière fine qui obscurcissent le Soleil et la Lune. Les particules solides qui ne dépassent pas la troposphère sont ramenées vers le sol par les pluies, mais si la projection atteint la stratosphère, les particules les plus fines formant un voile peuvent avoir un temps de résidence de 10 ans.

2 – Les aérosols sulfatés qui proviennent de la transformation en acide sulfurique (H_2SO_4) des composés soufrés (SO_2) au contact de l'eau atmosphérique (SO_2 → oxydation -> SO_3 + H_2O -> H_2SO_4). La taille de ces gouttelettes d'acide (< 1µm) leur permet de rester en suspension dans la stratosphère pendant plusieurs années. On s'est rendu compte en 1963 avec l'éruption de l'Agung qu'il existait une couche permanente d'aérosols sulfurés vers 20-25 km d'altitude qui se gonfle et se dégonfle aux rythmes des éruptions. En raison de leur forte réflectivité, ces aérosols ont un impact climatique plus grand que celui des cendres et des poussières.

Du CO_2 est également émis (dont 75 % le long des dorsales), mais cette émission est 100 fois plus faible que celle due à l'utilisation des énergies fossiles (pas de contribution majeure donc actuellement au CO_2).

Dans les hautes latitudes où la tropopause est basse, les particules projetées à plus de 10 km forment un anneau circumpolaire dont la redistribution n'est pas générale (cas du Mt St Helens). Dans la zone tropicale par contre où la tropopause est élevée et où les projections doivent dépasser 20 km, elles sont redistribuées vers le Nord et le Sud et finissent par concerner la terre entière. Elles mettent 2 à 6 semaines pour faire le tour de l'atmosphère dans les basses couches, de 1 à 4 mois pour être redistribuées uniformément au-dessus de la zone couverte par la circulation. Les poussières du Pinatubo par exemple (14-15/06/91) ont mis 21 jours pour faire le tour de la terre, deux mois pour couvrir 42% de la surface entre 30°N et 20°S ; deux ans après, l'épaisseur optique des hautes latitudes était encore affectée.

Les aérosols ont trois types d'effet :

a) Effet optique : qui ont fait l'objet d'observations très anciennes et qui sont mesurés par des index comme le DVI *(dust veil index)*.

b) Effet sur la radiation solaire : Mesurés depuis l'éruption du Krakatoa (île près de java)

qui en 1883 a injecté 10 Milliards de tonnes dans l'atmosphère. Les aérosols ont réduit de 20 à 30 % l'intensité du rayonnement solaire direct pendant quelque temps. L'explosion du Gunung Agung en Indonésie en 1963 a provoqué une réduction de 24% du rayonnement direct. Mais dans les deux cas, cette perte était diminuée par l'accroissement du rayonnement diffus. Dans la même veine, l'augmentation de l'albédo planétaire a été de 10 % après l'éruption d'El Chichon (Mexique) le 28 mars 1982.

c) Les effets thermiques concernent la stratosphère où l'absorption d'une partie du rayonnement provoque un réchauffement (de +3°C en 1982).

Dans l'hémisphère Nord en moyenne, une éruption entraîne un refroidissement de moins de 1°C mais rapidement, en 2-3 mois. Une des plus grandes explosions fut celle du Tambora (île de Sumbawa, Indonésie) en 1815 qui a injecté 150 km^3 de ponces et de cendres. L'immense nuage de poussière a atteint l'Europe 3 mois après, et la transparence de l'atmosphère était encore affectée en 1817. Les étés de 1816 et 1817 en Amérique furent très froid, Krakatoa en 1883 avec 1/10 des cendres du Tambora a été responsable d'un refroidissement global de 0.5°C, l'Angung de 0.4°C en hémisphère N, le Pinatubo de 0.5 à 0.7°C. Mais en 1992 il y avait encore une anomalie négative de l'ordre de-3-4°C sur l'Amérique et le nord de l'Asie (Deshler et al., 1993).

Le rôle du volcanisme sur les températures est donc indéniable. Il se produit quelques mois après l'éruption et décroît dans le temps en 1-2 ans. L'effet thermique est fonction de la latitude et les conséquences les plus remarquables s'observent aux hautes latitudes. Par contre, les relations avec d'autres paramètres comme précipitations ou pressions sont nettement moins évidentes (Dutton and Christy, 1992).

Autre conséquence importante du volcanisme : l'ozone. L'augmentation de température dans la stratosphère associée à l'absorption de gouttelettes d'acide sulfurique s'accompagne d'une diminution du taux d'ozone. La décroissance variée de 5 à 9% après l'éruption du Pinatubo.

Le volcanisme est donc une cause supplémentaire de variations climatiques, apériodiques mais qui vient se greffer sur les autres causes externes (Hansen et al., 1992).

4. L'Albedo

L'albedo, proportion de l'énergie reçue du Soleil et renvoyée avant d'être absorbée par la surface terrestre, est en moyenne pour toute la Terre de 0,3. En fait, l'albedo varie considérablement selon la nature du sol. Il vaut 0,02 pour une surface d'eau bien plane (un lac par temps calme) qui absorbe donc presque tous les rayonnements. Il atteint 0,95 pour une étendue de neige fraîche qui les réfléchit. C'est ainsi qu'en traversant un glacier de montagne, habillé en short, on peut prendre des coups de soleil sous les genoux. Signalons que l'albedo dépend très largement de la nature de la végétation, donc des pratiques agricoles, et tout particulièrement de la progression des déserts à fort pouvoir réfléchissant.

En conséquence, la température d'équilibre radiatif de la Terre est susceptible d'évoluer en réponse aux variations éventuelles de l'albedo. Or, l'albedo est lui-même fonction de l'évolution du climat. On a là le type de ce que les dynamiciens appellent une rétroaction. Celle-ci peut être positive (accentuant le phénomène) ou négative (compensant la dérive). Par exemple, un échauffement du climat suffisant provoquerait la fonte de la banquise et transformerait une surface blanche à fort albedo (la glace) en surface noire absorbante (la mer), d'où rétroaction positive. En revanche, la même évolution de climat, si elle entraînait une désertification accrue, augmenterait l'albedo de la planète, donc limiterait l'échauffement.

5. Collision de la Terre avec une météorite

La découverte récente d'un fort enrichissement en iridium dans les sédiments de la limite Crétacé-Tertiaire a relancé l'idée que cet événement marqué par la disparition des grands reptiles et de nombreuses autres espèces pourrait être dû à la collision entre la Terre et une météorite géante. L'iridium est en effet extrêmement rare à la surface de la Terre et aucun mécanisme géochimique ne permet d'expliquer les enrichissements observés dans les sédiments marins et continentaux de cette époque. En revanche, l'iridium est plus abondant dans les météorites parce que celles-ci sont faites de matériaux qui n'ont pas subi une différenciation chimique comme ce fut le cas pour la Terre où les métaux comme l'iridium se sont concentrés dans le matériel profond. L'enrichissement observé dans toutes les séquences sédimentaires contenant la limite Crétacé-Tertiaire pourrait aussi s'interpréter comme la marque du passage de la Terre au travers d'un nuage de poussières interstellaires, dont un effet serait de filtrer et diffuser la lumière solaire. Quoi qu'il en soit, il s'agit d'événements exceptionnels, qui ne peuvent rendre compte de l'évolution globale du climat de notre planète.

6. Activité solaire

Alors que le rayonnement infra-rouge du Soleil, vecteur de la plus grande énergie calorifique, est reconnu comme constant, le transfert de faible énergie que sont les rayons ultraviolets connaît en revanche des variations, liées à l'activité solaire (Budyko, 1969). Cette dernière est à son maximum à chaque crescendo des taches solaires, qui suivent un cycle d'un peu plus de 11 ans, avec un cycle magnétique de 22 ans.

La relation qui existerait entre le climat et les taches solaires est toujours controversée. Certains statisticiens la nient, mais les données modernes vont plutôt dans le sens de cette conception. Elle semble fonctionner comme suit : l'émission ultraviolette maximale du Soleil provoque une désintégration des atomes d'oxygène dans la haute stratosphère, créant de l'ozone (O_3). Des études faites par fusées et satellites montrent que les courbes U.V. présentent des crochets dépassant parfois 200 %. L'énergie libérée dans la couche du maximum d'ozone peut élever la température ambiante de 50 °C. Cette couche est le principal agent de " l'effet de serre " dans la haute atmosphère (et non pas le gaz carbonique et l'eau, comme c'est le cas dans la troposphère). L'écran constitué par l'ozone représente par conséquent un facteur régissant la température à l'échelle mondiale. Les statistiques portant sur la variation du climat à l'intérieur des ceintures de vents d'ouest chargées de nuages (où sont situées les stations météorologiques les plus anciennes) ne fournissent que peu ou pas de corrélations avec les cycles des taches solaires, à cause de l'intervention de facteurs dynamiques complexes d'origines océanique, orographique, etc. Mais des corrélations vraiment frappantes ont été observées dans les stations de désert, où l'ennuagement est le plus souvent nul.

7. Conclusion

Se sont là les principaux facteurs qui contrôlent les variations climatiques. Ce pendant, il est à noter qu'il existe d'autres facteurs qui ont sûrement une influence directe ou indirecte sur le système climatique très complexe. A savoir la composition chimique de l'atmosphère au cours de l'histoire de la Terre, l'évolution du soleil et la transparence du milieu interplanétaire, la circulation océanique...

Chapitre 2

Comment reconstituer le climat passé ?

Introduction

Les pluies et le bilan hydrique régional sont parmi les paramètres du climat les plus difficiles à reconstituer dans le passé. Leur étude est cependant primordiale puisque ce sont ces paramètres qui conditionneront, en priorité, l'évolution de la biosphère lors d'un changement climatique.

Les constantes de temps caractéristiques de la dynamique de l'atmosphère ne dépassent guère quelques semaines, mais le climat de la terre est la résultante des interactions de l'atmosphère avec l'océan, les glaces et la surface des continents et il présente une variabilité à des échelles de temps très diverses et souvent beaucoup plus longues. Les différentes composantes du système climatique ont en effet des caractéristiques physiques, biologiques et géochimiques très différentes et des constantes de temps très diverses, dont certaines dépassent le millier d'années. Seules les archives paléoclimatiques permettent d'explorer la variabilité naturelle de la composante de basse fréquence de ces systèmes et d'étudier les mécanismes associés aux grands changements climatiques.

L'interprétation des climats anciens nécessite une forte composante de modélisation, parce que les données paléoclimatiques sont peux nombreuses et témoignent de l'existence de conditions très différentes de celles auxquelles nous sommes habitués. Ceci impose que les données soient présentées sous la forme de grandeurs quantitatives susceptibles d'être introduites dans les modèles de circulation générale de l'atmosphère ou de l'océan. L'effort mené depuis plusieurs années par la communauté internationale permet maintenant de reconstituer les températures de l'air ainsi que les températures et salinités de l'eau de mer. Il est ainsi possible d'utiliser ces informations pour prolonger les mesures instrumentales dans le passé proche et pour décrire des climats passés si différents de l'actuel que leurs caractéristiques ont constitués une succession de surprises pour le monde scientifique : faible teneur en gaz à effet de serre en période glaciaire, variation abruptes des températures susceptibles de se développer en quelques décennies, forte variabilité du cycle hydrologique, de la végétation continentale et de la circulation océanique.

I. Les informations climatiques
I.1. Les sources des données climatiques

L'information climatique peut provenir de différentes sources:
- les données météorologiques et océanographiques mesurées directement à partir d'instruments dans un nombre de plus en plus grand de stations ou obtenues grâce aux télémesures, satellitaires notamment. Ces données sont disponibles pour les 100 à 200 dernières années.
- la documentation historique qui couvre les derniers millénaires.
- les « proxies » ou «proxy» données telles que celles obtenues à partir de la composition isotopique de l'oxygène, du deutérium et du carbone mesurée dans les sédiments océaniques et des lacs, dans les calottes polaires, les stalagmites-stalactites, les cernes des arbres et les *strates* géologiques; à partir de témoins des faunes et flores du passé (tels que pollens, microfaunes marines, insectes, mammifères, mollusques, plantes fossiles); et à partir des preuves géologiques et géomorphologiques *(moraines, évaporites, paléosols, varves,* dunes, coraux, plages fossiles, etc.). Ces données permettent de se faire une idée des variations climatiques tout au long de l'histoire de la Terre.

I.2. Les archives naturelles :

Les données qui permettent de caractériser l'état de l'environnement dans le passé et, en particulier, l'histoire climatique de la Terre, sont préservées dans des archives naturelles (Chaline, 1985).

Il existe plusieurs types d'archives, appelées proxy-data. Les principales sont reproduites au Tableau 1 (Oeschger et Eddy, 1989) où on précise l'ordre de grandeur de la longueur classique de leur enregistrement dans la nature, leur résolution temporelle optimale, c'est-à-dire l'intervalle de temps sur lequel une archive particulière peut fournir une information claire sur un paramètre identifié et les paramètres climatiques définissables à partir de chacune d'elles.

Tableau 1 : Caractéristiques des archives naturelles (Oeschger et Eddy, 1989).

Archives	résolution temporelle dans l'échantillonnage	Période couverte (ans)	Paramètres Climatiques dérivés
Cernes des arbres	an-saison	10^4	T H Ca B V M L S
Sédiments lacustres	an	10^4-10^6	T B M
Carottes de glace polaire	an	10^5	T H Ca B V M S
Carottes de glace des latitudes moyennes	an	10^3	T H B V M S
Dépôts coralliens	an	10^5	T Cw L
Lœss	10 ans	10^6	H Cs B M
Carottes océaniques	100 ans	10^7	T Cw B M
Pollen	1000 ans	10^5	T H B
Paléosols	100 ans	10^5	T H Cs V
Roches sédimentaires	2 ans	10^7	H Cs V M L
Données historiques	jour-heure	10^3	T H B V M L S

T = température, H = humidité ou précipitation, C = composition chimique de l'air (a), de l'eau (w) ou des sols (s), B = information sur la biomasse comme dans les échantillons de pollens, V=éruption volcaniques, M= champ géomagnétique, L= niveau des mers, S= activité solaire.

a. La géomorphologie et la sédimentologie :

L'étude des sédiments en général, comprenant la sédimentologie, la géologie, la géomorphologie, la pédologie et l'analyse pollinique, offre une plénitude de moyens à ceux que l'histoire de la Terre et de son environnement intéresse. L'enregistrement des changements globaux est inscrit de manière indélébile dans les processus géomorphologiques et dans la stratification des roches sédimentaires et des sols qui existent à peu près partout dans le monde, l'analyse géochimique en permettant une datation absolue que les techniques modernes, telle le tandétron, rendent de plus en plus précise (Duplessy et al., 1986). Tous ces enregistrements naturels ont permis de recueillir une foule d'informations sur les changements hydriques et biologiques, sur les variations du niveau des mers, sur les déplacements de la croûte terrestre liés à l'activité volcanique et aux tremblements de terre, sur les paléosols, les glaciations et déglaciations et sur le mouvement et l'évolution des plaques tectoniques.

b. Les sédiments océaniques

Des carottes de sédiments océaniques sont prélevées à présent un peu partout dans le monde. L'analyse chimique de ces sédiments ainsi que le nombre et la distribution des *foraminifères* qu'on y trouve ont permis la reconstruction de l'évolution du volume total de glace sur Terre et de la température des eaux de surface et de profondeur. Grâce à ces informations quantitatives obtenues par Jean-Claude Duplessy, Nick Shackleton, John Imbrie et leurs collègues, ces carottes ont fourni les preuves irréfutables de la théorie astronomique du climat au cours du dernier million d'années (Duplessy & Morel, 1990). La plupart d'entre elles proviennent de fonds marins situés entre 2500 et 4000 m et ont des longueurs qui dépendent de l'épaisseur du matériel sédimentaire non induré. Celles qui sont extraites au moyen de pistons conventionnels n'ont qu'une quarantaine de mètres de long. Certaines atteignent toutefois 200 m et les plus longues permettent de remonter jusque 20 millions d'années dans le passé. Il est évident toutefois, que l'intervalle de temps qu'elles couvrent dépend aussi de la vitesse à laquelle les sédiments se sont déposés; la variation de celle-ci au cours du temps ne facilite malheureusement pas le passage de l'échelle de profondeur à celle du temps.

c. Les récifs coralliens

Les coraux fournissent un enregistrement annuel du climat et des conditions qui prévalent dans les mers tropicales et semi-tropicales, de manière similaire à ce que donnent les cernes des arbres dans les latitudes tempérées.

Un carottage dans le massif corallien des Galapagos a ainsi permis de reconstruire les événements ENSO (El Nino Southern Oscillation : Oscillation Sud El Nino) au cours des 100 dernières années. L'analyse quantitative du cadmium contenu dans le corail est, en effet, une bonne mesure de la remontée des nutriments dans les eaux côtières et sa quantité est significativement réduite lorsque ces nutriments diminuent lors des événements ENSO.

L'analyse du rapport isotopique $^{18}O/^{16}O$ dans le carbonate de calcium du corail permet également d'obtenir une reconstruction des variations de température. Les dépôts coralliens sont aussi une excellente source d'information sur les changements du niveau des océans, puisque certaines espèces croissent uniquement dans le premier mètre de profondeur de l'océan. C'est ainsi qu'on a pu estimer que, durant l'interglaciaire Eemien, le niveau des océans était probablement 5 mètres au-dessus de l'actuel.

d. Les glaces

Les carottes de glace des régions polaires ont fourni les informations les plus riches qui soient sur l'environnement des 150.000 dernières années (Vostok en Antarctique). Les équipes de Willy Dansgaard (Dansgaard et al., 1984), de Claude Lorius (Lorius et al., 1988) et de Hans Oeschger (Oeschger et al., 1984) furent pionnières dans ce domaine. Les programmes en cours devraient même permettre de reconstituer les variations au sein du système climatique sur une période deux fois plus longue si les forages du Groenland et de l'Antarctique atteignent le socle rocheux.

Sur les 10.000 dernières années, la résolution temporelle est d'une année grâce à l'identification possible des couches annuelles et à la mesure des différences de température entre saisons. La mesure du temps est évidemment de moins en moins précise au fur et à mesure qu'on remonte dans le passé et dépend alors des méthodes de datation géochimique et des modèles théoriques d'écoulement de la glace.

Les renseignements extraits de ces carottes de glace sont essentiellement la température de la région de l'atmosphère d'où sont issues les précipitations, la composition de l'air, la charge en aérosols, en poussières et en sulfates volcaniques, ainsi que les noyaux radioactifs cosmogéniques, tels que le carbone-14 et le béryllium-10 qui permettent d'étendre dans le temps l'histoire de l'activité solaire et des variations du champ magnétique terrestre.

L'analyse quantitative des bulles d'air enchâssées dans la glace du Groenland et de l'Antarctique a permis une mesure directe de la concentration des gaz à effet de serre, tels que le gaz carbonique (dioxyde de carbone, CO_2) et le méthane (CH_4), tout au long du dernier cycle glaciaire-interglaciaire. Les carottes de glace ont aussi permis de montrer que la température des précipitations neigeuses aux hautes latitudes polaires avait varié entre 3°C de plus qu'actuellement à l'Eemien (il y a quelque 125.000 ans) et 10°C de moins au dernier maximum glaciaire (il y a 18.000 ans). En fait, les variations des paramètres climatiques tels que température et précipitations, sont associées étroitement à celles des paramètres chimiques (tels CO_2, CH_4, aérosols marins, continentaux et biogéniques) fournissant, par là, une des principales évidences du lien étroit qui existe entre le climat et la biosphère.

D'autre part, les carottes de glace dans les glaciers d'altitude dans les Andes, les Alpes et le plateau Tibétain ont permis d'étendre ce type d'information aux divers continents. Ainsi, les variations de la température, des précipitations et de la quantité d'aérosols au cours du dernier millénaire tirées du glacier Quelccaya dans les Andes Boliviennes montrent clairement le réchauffement climatique du Moyen Age, le Petit Age glaciaire et le réchauffement du globe depuis la fin du XIXème siècle. La carotte de Monte Rosa en Suisse a de même permis de reconstruire les dépôts de poussières sahariennes, les étés chauds et l'augmentation anthropogène des ions nitrates, sulfates et chlorés.

L'analyse isotopique de ces gaz informe également sur leurs origines et donc affine notre compréhension du cycle du carbone. Enfin, le monoxyde de carbone (CO) retrace l'évolution de la capacité oxydante de l'atmosphère, qui affecte par exemple le temps de séjour du méthane dans l'air.

Par ailleurs, les isotopes de l'oxygène atmosphérique, sensibles aux processus de respiration et photosynthèse, donnent une estimation de la productivité biologique.

Les échelles de temps couvertes par les carottages dépendent du taux d'accumulation de la neige (quantité nette de neige restant à la surface au bout d'une année), ainsi que de la vitesse d'écoulement de la glace. C'est au centre de l'Antarctique, à Vostok, l'un des endroits les plus secs et hostiles de la planète (2 cm de glace par an, température moyenne annuelle -55 °C) que l'on a extrait la glace la plus ancienne, 400 000 ans. Au contraire, certains forages des glaciers tropicaux ne couvrent que les derniers siècles mais avec une résolution temporelle de l'ordre du mois. Plusieurs sites permettent de remonter depuis le climat actuel jusqu'au maximum de la dernière période glaciaire, il y a 20 000 ans, ce qui aide à corréler les carottes entre elles.

Mais comment dater la glace? On a vu que, parfois, les impuretés identifient des couches annuelles. La radioactivité (activité bêta ou gamma) des essais nucléaires atmosphériques (1954-58 et 1965-66) ou de l'accident de Tchernobyl (avril 1986) reste mémorisée dans la glace et constitue ainsi un marqueur stratigraphique. Les éruptions volcaniques, connues par ailleurs et repérées dans les glaces par les poussières et les acides qu'elles ont émis, définissent aussi des horizons de référence.

La teneur en ^{10}Be de la glace dépend uniquement du taux d'accumulation de neige sur le site si le champ magnétique terrestre et l'activité solaire sont restés constants. La comparaison du ^{10}Be vis à vis de ^{14}C mesuré dans les cernes d'arbres détermine une échelle d'âge absolue pour la glace. On peut estimer les taux d'accumulation à partir des isotopes de l'eau, et puisque la glace flue, on calcule des modèles d'écoulement de la glace. Enfin, on corrèle les données issues des glaces avec celles tirées des sédiments marins.

e. Les pollens :

Les pollens et le biotope planctonique ont été largement utilisés pour la reconstitution du climat et de la végétation. Les premiers le furent, en particulier, par Guy Seret à la Grande Pile dans les Vosges (Woillard, 1978; Seret et al., 1990), Armand Pons et ses collègues (Guiot al., 1989; de Beaulieu et Suc, 1985), W.H. Zagwijn (1985), Andrej Velichko (1987) et Tom Webb III (1986) pour retracer l'extension des forêts et autres végétations dans la région analysée.

Le pollen est le vecteur de l'élément mâle à fleur. Son étude, la palynologie, concerne non seulement ses formes vivantes mais également ses formes fossiles sédimentées au cours des temps géologiques au fonds des lacs, des marais, des tourbières ou des océans. En effet, les grains de pollen sont produits en très grande quantité et sont aisément reconnaissable, et comme leur membrane externe a une composition chimique très résistante, on peut les retrouver aussi loin dans le temps que remonte l'histoire des plantes, il y a plusieurs centaines de millions d'années. Le pollen est donc un outil puissant de reconstitution de l'histoire de l'évolution. Il est très employé pour reconstituer les modifications environnementales et climatiques qui ont jalonné l'histoire de la Terre (Lézine, 2008).

f. Les diatomées :

Aussi appelées Bacillariophycées, les Diatomées sont des microorganismes unicellulaires photosynthétiques. Leur taille varie de 20 à 200 µm environ, quoique certaines puissent atteindre 2 mm. Elles peuvent se présenter en cellules isolées ou regroupées en colonies.
Elles se caractérisent par une paroi rigide faite de silice hydratée insérée dans une matrice organique, le frustule. Cette paroi finement ornementée (pores, excroissances, épines, etc.) est divisée en deux valves emboîtées de taille différente: l'hypothèque, la

plus petite des deux valves, vient s'emboîter dans l'épithèque (à la façon d'une boite de Pétri). La bordure verticale de l'épithèque, appelé l'épicingulum, recouvre et cache le bord de l'hypothèque, ou hypocingulum. Chez de nombreuses espèces, les deux valves présentent également des ornementations différentes (Reddad, 2012).

On distingue deux grandes catégories de Diatomées selon la géométrie de leur frustule :

- les Diatomées Centrales, à symétrie radiale: le frustule circulaire porte des stries, rayonnant depuis un point ou une aréole (qui n'est pas forcément situé au centre de la valve), ou une réticulation.
- les Diatomées Pennales, à symétrie bilatérale: le frustule allongé présente des stries disposées autour d'un plan de symétrie bilatérale. De nombreuses Diatomées Pennales présente sur ce plan de symétrie une fente, le raphé, interrompue par un nodule de silice central. Elle permet une communication avec le milieu extérieur et l'excrétion de mucilage. Si cette fente est atrophiée ou peu marquée, on parle de pseudo-raphé. Les Pennales sans raphé sont appelées Diatomées araphidées ou crypto-raphidées.

Les diatomées permettent d'obtenir l'état physico-chimique de l'eau des lacs (Barker, 1990; Gasse et Van Campo, 1994).

g. Les archives lacustres

Présents sous toute latitude, les lacs détiennent dans leurs sédiments des témoignages des climats du passé. Ces sédiments, riches par la diversité des indicateurs environnementaux, et aisément déchiffrables grâce à l'ampleur des variations qui ont affecté ces milieux peu tamponnés, permettent grâce à des taux d'accumulation généralement élevés d'obtenir une résolution temporelle importante. La discontinuité spatiale des bassins et l'influence des facteurs locaux (érosion, agriculture, feu, Homme…) ont longtemps pénalisé les études sur les lacs et paléolacs en paléoclimatologie. Il est vrai que la compréhension hydrologique, géologique et hydrogéologique des systèmes s'impose avant toute interprétation climatique des signaux dont aucun n'est univoque en milieu continental. Dans ce cas, et à condition de calibrer les variables sur des références actuelles, les termes du bilan hydrique peuvent être évalués donnant ainsi accès à certains paramètres paléoclimatiques (Roberts et al., 1993 ; Damnati et Taieb, 1995 ; Damnati, 1993a et b; Damnati, 2000).

Le rapport isotopique de l'eau qui dépend des précipitations et de l'évaporation est, en effet, enregistré dans les carbonates biogéniques qui y précipitent. Les rapports d'éléments majeurs (calcium) et des traces (strontium et magnésium) dans les coquilles d'ostracodes fossiles permettent de quantifier les températures et les salinités des eaux lorsque ces organismes se sont formés (Chivas et al., 1986).

L'analyse de telles archives peut aussi fournir des enregistrements sur les interactions entre la matière organique et minérale au sein des lacs et donner des informations sur la grandeur et la vitesse des changements dans l'environnement lacustre. Les matériaux *détritiques* peuvent être utilisés pour cartographier les sources du matériel clastique et les processus de resédimentation. Les sédiments lacustres sont aussi une source d'information paléomagnétique (Williamson, 1991).

L'amplitude des niveaux des lacs dépend non seulement des fluctuations hydrologiques locales et des variations climatiques régionales, mais aussi de la nature du substrat du bassin versant, de la surface du bassin versant du rapport entre la surface du bassin versant et la surface du lac, le temps de séjour moyen des eaux du lac, la morphologie du bassin versant et le type d'érosion (fig. 3). Les bassins versants de montagne, à relief vigoureux et fortes valeurs de pente, correspondant souvent à un faible taux de boisement, ont été dominés par une érosion mécanique libérant dans les eaux de ruissellement et les rivières une forte charge en matières particulaires. Les lacs au débouché de ces bassins ont un remplissage rapide à dominance souvent détritique. Au contraire, les lacs drainant un bassin au relief peu contrasté et couvert de végétation, donc à érosion chimique dominante, recevront essentiellement des éléments en solution. Les taux de sédimentation sont alors faibles et à dominance autochtone (Ca CO_3 et matière organique).

A une variation égale du volume d'eau, une cuvette à pente abrupte enregistre principalement des variations de profondeur, alors qu'un lac à fond plat subit surtout des changements de la surface des eaux. Chaque bassin se comporte donc différemment en réponse à une variation identique d'un ou plusieurs paramètres climatiques.

D'autre part le caractère synchrone et le parallélisme des fluctuations de niveau lacustre et des changements climatiques à l'échelle régionale peuvent s'interpréter en termes de paléoclimat, alors que les différences spatiales ou temporelles observées s'expliquent par les caractères géomorphologiques et hydrologiques locaux propres à chacun des bassins (fig. 3).

A l'échelle globale, certains travaux ont essayé d'évaluer certains paramètres du bilan hydrique (précipitation, évaporation) dans le temps et dans l'espace à partir des données des lacs (Rognon, 1987). D'autres, ont essayé de comparer les données avec des modèles de circulation atmosphérique particulièrement pour l'Afrique (Jolly et al, 1998). Cependant, beaucoup de problèmes subsistent liés probablement aux événements exceptionnels qui peuvent modifier brutalement les niveaux de certains lacs et/ou liés aux imperfections des modèles climatiques.

Les sédiments sont donc le seul moyen d'accéder à l'histoire des systèmes lacustres sur de longues périodes: la gamme temporelle d'intérêt en paléolimnologie va de 1-10 ans au millier d'années. Toutefois, les signaux enregistrés dans les sédiments doivent être déchiffrés prudemment car ils résultent de l'interaction de plusieurs facteurs cités plus haut et le message sédimentaire risque d'être complexe (tableau 2)(Damnati, 2000 ; Damnati, 2009).

Tableau 2: Principales informations contenues dans le message sédimentaire (Pourriot et Meybeck, 1995).

Etude des sédiments	Informations obtenues
Caractéristiques du bassin versant	
diatomées, pollens	climat local, végétation et climat régional
minéraux allochtones	érosion mécanique et chimique, érosion éolienne, volcanisme actif
profils sismiques	origine et âge de la cuvette, taux de remplissage
traceurs géochimiques	climat régional, géologie
Granulométrie	origine des sédiments, événements catastrophiques
Hydrologie, thermique et dynamique	
Granulométrie	dynamique des eaux
Minéralogie	bilan hydrique, oxygénation
marqueurs organiques	Oxygénation
^{18}O dans les micro-organismes	Paléotempératures
Production biologique	
Pigments	production primaire
Diatomées	Eutrophisation
Characées	production secondaire
profils de traceurs dans le sédiment	bioturbation par le benthos
Impacts anthropiques	
Diatomées	Acidification
teneurs en (C,N,P) organiques	pollution organique
teneurs en métaux et micropolluants organiques.	Micropollutions
Radioéléments	retombées et accidents nucléaires

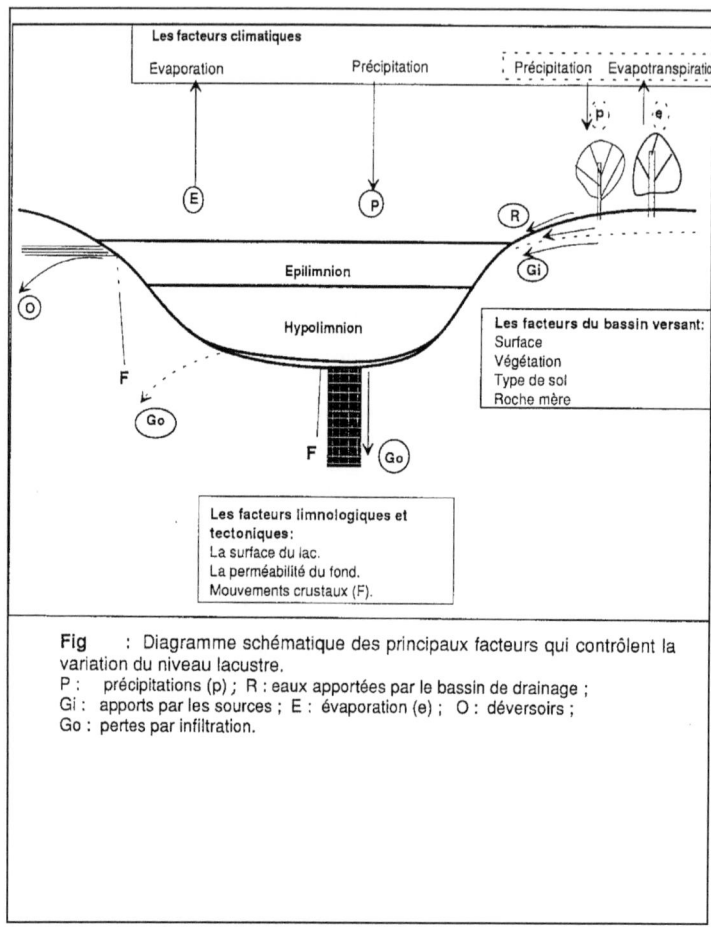

Figure 3 : Diagramme des principaux facteurs qui contrôlent la variation du niveau lacustre (Damnati, 1993a et b).

h. Les loess

Les loess sont des sédiments géologiques d'origine éolienne particulièrement étudiés par George Kukla (1975, 1987) et ses collègues. En certains endroits, leur énorme accumulation (1 mm en une seule tempête) fournit une archive sédimentaire aussi intéressante que les calottes glaciaires. Sur le plateau des lœss, au centre-ouest de la Chine, les dépôts atteignent 400 m, ce qui représente plus de deux millions d'années d'information; les lœss d'Europe centrale recouvrent aussi une telle période. Ces loess sont d'excellents indicateurs de l'érosion éolienne, de la végétation, de la circulation atmosphérique au-dessus des régions continentales d'où ils sont originaires et des renversements du champ magnétique terrestre.

i. La dendroclimatologie

L'étude des cernes de croissance annuelle des arbres offre une méthode de datation absolue par simple comptage, comme illustré notamment par Fritts (1976), André Munaut (1978) et Franz Schweingrupber (1988). La distinction entre bois initial et bois terminal permet même de différencier les saisons. Les arbres les plus sensibles à leur environnement sont situés dans les sites arides en altitude et aux hautes latitudes.

Les plus longues séries ont été reconstituées à partir du *Pinus longaeva* (bristlecone pine) dans les White Mountains en Californie (couvrant les 8500 dernières années) et à partir du chêne en Irlande et en Allemagne (7300 années).

La largeur des cernes dépend d'une manière complexe de l'humidité du sol, de la température, des nutriments et autres facteurs de croissance. Dans les régions arides, la largeur du cerne est généralement bien corrélée à la disponibilité en eau. Pour certaines espèces des hautes latitudes, on a aussi pu montrer que la largeur du cerne et la densité maximale du bois le plus récent étaient d'excellents indicateurs de la température estivale.

L'analyse isotopique de la cellulose des cernes fournit une indication précieuse sur les températures de l'eau des racines et sur les variations de la production de carbone-14; ce sont d'ailleurs les mesures de cette dernière dans la longue carotte du bristlecone pine qui ont permis de reconstituer l'activité solaire pour des époques bien antérieures à l'utilisation du télescope, moyen classique pour l'observation des taches, protubérances et autres éruptions à la surface du Soleil.

Le matériel dendroclimatique est malheureusement limité aux zones continentales tempérées, voire subtropicales. Il ne peut donc fournir qu'une description partielle de la variabilité climatique à haute fréquence et à l'échelle globale. Néanmoins, son potentiel comme indicateur de l'environnement et de son évolution à l'échelle humaine, est encore sous-exploité.

j. Les documents historiques

Les sources écrites de l'époque historique et les observations météorologiques quantitatives fournissent les clefs à partir desquelles les archives naturelles peuvent être déchiffrées. Elles sont aussi une source d'information inégalable, telles que l'ont démontré Hubert Lamb (1972, 1977) et Emmanuel Le Roy Ladurie (1983). Les observations climatiques existent depuis 250 ans au plus et seulement pour quelques endroits de la Terre. Certains manuscrits en Europe (Pfister, 1988 ; Neumann et Flohn, 1988) et en Amérique (Ludlum, 1966) ayant trait aux échanges commerciaux, à la production agraire, aux vendanges ou autres descriptions des glaciers permettent de décrire l'évolution climatique des 500 dernières années.

Une riche iconographie, ainsi que d'autres méthodes scientifiques, ont permis de reproduire les oscillations du glacier inférieur de Grindervald en Suisse dans l'Oberland bernois depuis 1600.

Avec l'analyse des textes climatiques, Alexandre (1987) nous apprend, d'autre part, que les étés secs en Europe occidentale furent prépondérants de 1200 à 1310, ce qui s'oppose à des phases de grande pluviosité dans la seconde moitié du XIIe siècle et dans la première moitié du XIVe siècle. L'Optimum climatique médiéval s'achèverait donc avec le XIIIe siècle, lors de la venue de la brusque dégradation climatique du XIVe siècle, prélude au Petit Age Glaciaire. Avec Le Roy Ladurie (1983), on parcourt encore le contexte climatique des grandes famines au XVIIe siècle, avec les vagues de dysenterie accompagnant les étés chauds et secs de 1635, 1706 et 1779; on apprend que les vendanges furent tardives au XVIIIe siècle, et on suit les causes météorologiques de la mauvaise moisson de 1788, mère de disette et d'émeutes en 1789 (Ludlum, 1989; Neumann et Dettwiller, 1990).

Finalement, l'abondance des documents historiques en Orient, couplée aux archives naturelles, tels les lœss de Chine, font de cette région une des plus riches et des plus prometteuses en ce qui concerne la reconstruction des changements climatiques au cours des deux derniers millénaires.

k. Les spéléothèmes : stalactites et stalagmites.

C'est un outil récent en paléoclimatologie. Les stalagmites et les stalactites sont des concrétions calcaires formées dans les grottes. Elles cristallisent sans subir de phénomènes d'érosion aérienne ou autre. Elles croissent de 0.1 à 1 mm par an.

Les carbonates dont elles sont constituées sont formés à partir des précipitations ayant percolé dans les sols sus-jacents. On a également remarqué que le taux de cristallisation dépend étroitement des conditions climatiques; les glaciations peuvent entraîner un arrêt complet du phénomène. Les analyses isotopiques des carbonates permettent les interprétations paléoclimatiques.

II. Méthodes d'analyse

Ces enregistrements naturels sont malheureusement affectés par le climat lui-même à différentes échelles de temps. Les sédiments, en particulier, sont la plupart du temps modifiés par la bioturbation et autres transformations physiques et chimiques. Leur interprétation en termes de changements climatiques est donc difficile et ne peut se faire qu'à partir de méthodes qui balayent un large spectre de complexité, allant des méthodes très qualitatives aux fonctions de transfert basées sur la régression multivariée, telles que utilisées pour les sédiments marins (Imbrie et Kipp, 1971), les cernes des arbres (Fritts, 1976) et les pollens (Guiot et al., 1989). Nous allons décrire ici deux de ces techniques les plus utilisées pour convertir les « proxy data » en variables climatiques.

1. La faune océanique et le climat

Les microbiologistes ont montré depuis longtemps que les différentes espèces animales ou végétales qui constituent le plancton marin présentent aujourd'hui une répartition zonale étroitement liée à la température des eaux de surface de l'océan. Ils ont en outre observé que les différentes espèces animales ou végétales présentes dans une région donnée se succèdent au cours des Saisons.

A partir de ces observations, J. Imbrie et N. Kipp (1971) ont développé une méthode d'analyse statistique dont les résultats, par transfert à partir des mesures actuelles, permettent de jeter les bases d'une reconstitution quantitative des paléoenvironnements. Dans un premier temps, on compare les pourcentages des différentes espèces présentes dans les sommets de carottes aux températures moyennes mensuelles actuelles. On obtient ainsi une relation expérimentale permettant d'estimer les températures moyennes mensuelles à partir de l'abondance des différentes espèces présentes dans les sédiments. La relation calibrée sur des échantillons récents peut être utilisée pour estimer les températures des eaux de surface dans le passé à la condition formelle que les faunes aient un équivalent au sein des divers échantillons actuels qui ont servi pour l'étalonnage de la fonction de transfert et que la relation statistique établie reste valable pour le passé, c'est-à-dire que la réponse de l'écosystème analysé reste la même au cours des temps. Cette méthode permet d'obtenir des estimations des températures moyennes mensuelles passées avec une bonne précision. Elle présente l'intérêt d'être également applicable au milieu continental dans la mesure où il est possible de relier les variations des pourcentages des pollens (Webb, 1986; Guiot et al., 1989), diatomées lacustres, largeur des cernes annuels des arbres ou faunes fossiles aux paramètres climatiques. Les fonctions de transfert sont cependant d'un emploi délicat parce qu'elles peuvent conduire à des estimations très erronées si les populations fossiles ont subi des modifications postérieures à leur dépôt (dissolution sélective de certaines coquilles fragiles) ou ne possèdent pas d'analogues actuels. Une autre difficulté majeure est de tenir compte des modifications souvent profondes des associations végétales et animales à la suite de l'impact historique des sociétés humaines. C'est ainsi que dans les régions méditerranéennes, il n'existe pratiquement plus nulle part de couverture végétale naturelle. La définition des fonctions de transfert y est donc rendue délicate.

2. Les isotopes de l'oxygène

Le calcaire des coquilles des foraminifères ou le dioxyde de silicium des frustules des diatomées possède un rapport $^{18}O/^{16}O$ qui dépend de la température et du rapport $^{18}O/^{16}O$ de l'eau dans laquelle sont formés ces éléments (Duplessy et al., 1986). Grâce à une technique mise au point dans les années 50 par Cesare Emiliani (1955), si l'on mesure à l'aide d'un spectromètre de masse les rapports $^{18}O/^{16}O$ de l'eau et des coquillages, on peut estimer la température de l'eau au moment de l'édification de la coquille avec une précision de 0,5°c.

Le rapport $^{18}O/^{16}O$ des eaux douces et marines varie considérablement en fonction des conditions climatiques. Il est maintenant bien démontré que le rapport $^{18}O/^{16}O$ des eaux océaniques a changé à cause de l'accumulation de gigantesques calottes de glace sur les continents des hautes latitudes. Ces glaces sont très pauvres en oxygène-18 parce qu'elles correspondent au terme ultime de la condensation de la vapeur d'eau évaporée dans les zones océaniques tropicales. En conséquence, l'eau restant dans l'océan sera d'autant plus riche en oxygène-18 qu'il y aura davantage de glaces gelées sur les continents. Cette caractéristique des isotopes de l'oxygène est d'abord utilisée comme repère stratigraphique. L'utilisation à la fois de foraminifères planctoniques (sensibles à la température des eaux de surface et du volume totale de glace) et de foraminifères benthiques choisis au sein de masses d'eau profonde dont la température n'aurait pas varié, permet d'estimer le volume total de glace sur Terre et la température locale des eaux de surface où vivent ces foraminifères planctoniques (Shackleton and Opdyke, 1976). Si la température des eaux profondes change, comme c'est le cas en particulier lors du dernier maximum glaciaire où leur refroidissement a atteint plusieurs degrés, l'utilisation judicieuse d'un troisième paramètre, les *diatomées* par exemple, permet de solutionner ce problème à trois inconnues que sont les températures des eaux océaniques profondes et de surface et le volume total de glace.

Les variations du rapport $^{18}O/^{16}O$ dans les carottes océaniques, généralement de faible amplitude, interprétées en terme de température, fournissent dès lors des estimations compatibles avec celles obtenues à l'aide des transferts réalisés à partir de l'étalonnage sur les conditions actuelles. Pour les périodes plus anciennes comme le début de l'ère Tertiaire, les fonctions de transfert ne sont plus applicables, car les espèces étaient différentes de celles d'aujourd'hui. Fort heureusement, à cette époque, les continents des hautes latitudes n'étaient pas recouverts de calottes glaciaires, de sorte que le rapport $^{18}O/^{16}O$ de l'océan mondial est resté constant pendant plusieurs millions d'années. Les variations de la composition isotopique des fossiles du début de l'ère Tertiaire reflètent bien les variations de la température de l'eau de mer.

III. Datation des paléoclimats

Il reste à présent à reconstruire le contexte chronostratigraphique au sein duquel les variations climatiques ont été reconstituées. Ces proxy données sont datées par comptage des couches annuelles (c'est le cas pour les cernes des arbres, pour les varves dans les lacs et pour les strates dans les carottes de glace), par méthodes radiométriques (tels le ^{14}C et le *K/Ar)(voir formule ci-dessous*),* ou par référence à des événements bien marqués qui se passent à l'échelle globale, tels que les dépôts de cendres volcaniques, les terrasses marines et le renversement du champ magnétique terrestre.

Cette dernière technique est basée sur le fait qu'une série particulière de repères stratigraphiques peut être définie par la polarité du champ magnétique terrestre enregistré dans les particules de magnétite orientées et autres minéraux magnétisés de manière permanente.

Les corps ferromagnétiques chauffés au point de Curie perdent leur aimantation. S'ils se refroidissement alors, ils s'aimantent de nouveau en fonction du champ magnétique dans lequel ils sont placés et conservent ensuite cette orientation magnétique par thermorémanence. Tel est le cas des roches volcaniques et des briques de poterie.

Si l'on connaît l'âge de ces matériaux on peut donc établir l'histoire des variations de ce champ. Un phénomène comparable se produit pour les roches sédimentaires dont les composants magnétiques s'orientent dans le champ terrestre soit au moment de leur dépôt, soit au moment de leur cristallisation. Les mesures basées sur ces principes ont montré que le champ magnétique terrestre avait subi dans le passé de fréquentes inversions. On a ainsi prouvé qu'il existait de longues époques où le champ était soit normal, soit inverse, coupées d'événements consistant en un court changement de polarité. La succession de ces périodes a pu être mise en parallèle avec celle des étages stratigraphiques jusqu'au Jurassique moyen. Pour les principales, citons: le Brunhes (0 - 0.7 Ma BP), le Matuyama (0.7 - 2.5 Ma BP), le Gauss (2.5 - 3.4 Ma BP) et le Gilbert (3.4 - 5 Ma BP).

IV. Conclusion

C'est en multipliant les différents « proxys » (archives lacustres, pollens, diatomées, lœss, géochimie isotopiques, les carbonates biogéniques, stalactites et stalagmites ...) que notre compréhension du climat passé sera meilleure et la reconstitution sera précise dans le temps et dans l'espace. En général, les méthodes de datation et la valeur des reconstitutions deviennent de plus en plus incertaines et incomplètes au fur et à mesure que l'on remonte dans le passé. Il faut, en effet, admettre que les roches formées au cours de l'histoire de la Terre ont pu être érodées. Plus une roche est vieille plus elle a donc de chance de l'avoir été et, en conséquence, les roches relativement jeunes sont largement prépondérantes en surface. En outre, plus les roches sont vieilles, plus elles ont pu subir une diagenèse d'intensité variable qui les modifie et altère les critères de datation radiométrique et paléomagnétique.

*Rappel sur la datation radiométrique :
- O Le principe de la datation radiométrique est basé sur la diminution de la masse de noyaux instable N en fonction du temps t, selon la loi exponentielle (e) :

- ○ $N = N_0 e^{-\lambda t}$ ou encore $t = 1/\lambda \, \text{Log} \, N_0/N$.
- ○ **Cette équation donne à un temps donné (t), le nombre d'atomes radioactifs parents (N), par rapport au nombre d'atomes initiaux (N₀), λ étant une constante propre à chaque élément**

le ^{210}Pb ($T_{1/2}$=22,3 ans), le ^{14}C ($T_{1/2}$=5750 ans), le ^{230}Th ($T_{1/2}$=72500 ans), le ^{231}Pa ($T_{1/2}$= 3,28. 10^4 ans), le ^{36}Cl ($T_{1/2}$=3. 10^5 ans), le ^{40}K ($T_{1/2}$=1,25. 10^9 ans), ^{234}U ($T_{1/2}$= 2,47. 10^5 ans), ^{235}U ($T_{1/2}$=0,7038. 10^9 ans) et ^{238}U ($T_{1/2}$=4,468. 10^9 ans).

Partie 2 :

Un aperçu global sur les variations climatiques durant le Quaternaire

Chapitre 3

Les variations du climat durant le Quaternaire: un aperçu global

Introduction

La Terre s'est formée il y a près de 4.6 milliards d'années. Les plus vieilles roches sédimentaires (et les premières traces d'eau liquide) sont datées de 3.7 Ga BP (les sédiments d'Isua au Groenland (Moorbath et al., 1975)), mais les 90 premiers pour cent de l'information climatique sont très incomplets (fig. 3). Pour la plupart de ces informations, nous n'avons à notre disposition que des modèles qui suggèrent une évolution complexe du soleil, de l'atmosphère, de la lithosphère, des océans et de la végétation.

Rappelons que les grandes subdivisions stratigraphiques de l'échelle géologique (les dates sont en Ma BP) sont: le Paléozoïque: le Cambrien (590 - 500), l'Ordovicien (500 - 440), le Silurien (440 - 410), le Dévonien (410 - 360), le Carbonifère (360 - 290) et le Permien (290 - 250); le Mésozoïque: le Trias (250 - 210), le Jurassique (210 - 140) et le Crétacé (140 – 65); le Cénozoïque: le Paléocène (65 - 55), l'Eocène (55 - 36), l'Oligocène (36 - 25), le Miocène (25 - 5) et le Pliocène (5 - 1,7); ces deux dernières époques forment la période du Néogène; le Pléistocène (1,7 - 0,01) et l'Holocène.

1. Le début du Quaternaire

Nous n'entrerons pas ici dans la discussion stratigraphique de la limite Quaternaire/Tertiaire ou Pliocène/Quaternaire (Campy et Chaline, 1987). Disons pour le moment que le Quaternaire est formé de l'Holocène et du Pléistocène lequel est caractérisé par des stades glaciaires, encore appelés âges glaciaires. L'encadré sur les Glaciers Alpins reprend la description des anciennes glaciations alpines afin d'attirer l'attention du lecteur sur le dilemme qu'elle pose quant à la comparaison des séquences continentales avec celles des sédiments marins des carottes océaniques (Kukla, 1975).

Les premiers signes de glaciation boréale sont donc apparus il y a quelques 3 Ma. Cette poussée glaciaire accompagnée d'une nouvelle circulation glaciaire accompagnée d'une nouvelle circulation océanique se traduisit sur notre continent par des modifications importantes dans la végétation (De Beaulieu et Suc, 1985). Au nord, l'appauvrissement floristique s'est accompagné de modifications cycliques laissant entrevoir l'extension de formations de Gymnospermes de caractère boréal. Au sud, cet événement fut fortement ressenti: la formation forestière littorale bordière des marécages se réduisit jusqu'à disparaître, tandis que se modifiait la composition des groupements situés en arrière, par exemple au bénéfice des chênes et aulnes. Bon nombre de disparitions floristiques vont affecter cette phase climatique qui semble correspondre à l'apparition progressive de la sécheresse estivale.

La courbe climatique de l'Europe occidentale pour les 5 derniers millions d'années (Zagwijn, 1985; De Jong, 1988) montre que les variations de température ont joué un rôle essentiel au Nord, tandis que les variations thermiques moins intenses (surtout au début du Quaternaire) ont été déterminantes au Sud. En milieu océanique, la détérioration vers 3.2-2.4 Ma BP est bien documentée par les données d'oxygène ^{18}O (Sarnthein et Fenner, 1988) et une courbe isotopique composite (formée des carottes V28 - 239 (Shackleton et Opdyke, 1976) et DSDP 552A (Shackleton et al., 1984)) montre qu'entre 3 et 2.4 Ma BP les premiers glaciers n'avaient qu'un volume limité.

1.1. De 2.4 à 0.9 Ma BP

Vers 2.4 Ma BP (2.7 Ma BP pour Sarnthein et Tiedemann, 1989), on observe la première avancée glaciaire (Shackleton et Opdyke, 1976) au cours de laquelle le volume de glace sur les continents dépasse celui d'aujourd'hui d'environ 50 10^6 km^3, ce qui correspond à une diminution du niveau des mers de plus de 100 mètres. Les glaces recouvraient le Nord de l'Europe, les pollens indiquant l'existence d'une toundra ou d'une steppe subarctique aux Pays-Bas. Au large de l'Irlande, les sédiments de l'océan Atlantique contiennent des débris provenant de l'érosion des continents et transportés par les glaces qui dérivaient en plein milieu de l'Atlantique (Shackleton et al., 1984). La disparition des forêts dans le midi français et l'existence de faunes froides indiquent des conditions climatiques très sévères.

Le refroidissement de 2.4 Ma BP marque un tournant dans l'histoire du climat. Ce denier va osciller entre deux états extrêmes caractéristiques de stade glaciaire et interglaciaire. Ce dernier est chaud et assez comparable au climat actuel, tandis que les stades glaciaires sont caractérisés par le développement de gigantesques calottes de glace sur le Nord de l'Europe et de l'Amérique et une extension appréciable de la glace marine dans l'hémisphère sud. On y assiste donc à une baisse importante du niveau des mers et à un refroidissement considérable des hautes et moyennes latitudes boréales.

En fait, l'image que l'on peut se faire de ces variations climatiques est assez complexe. Bergren et Van Couvering (1974) ont trouvé quatre périodes de refroidissement majeur au cours des derniers 1.7 Ma : 1.6 à 1,3 ; 0,9 à 0.7 ; 0.55 à 0.4 et 0.08 à 0.01 Ma. Cependant cette amplitude des variations climatiques semble avoir évolué au cours du temps. De plus, superposé à ces événements, on trouve une série de variations plus rapides, représentant 17 cycles (glaciaire-interglaciaire) dans la séquence d'Europe Centrale de Fink et Kukla (1975). Après la brutale et importante glaciation qui a sévi entre 2.4 et 2.3 Ma BP, les fluctuations restèrent modérées pendant toute la fin du Pliocène (jusqu'à 1.6 Ma BP) et le début du Quaternaire (jusque vers 0.9 Ma BP). Les périodes interglaciaires y étaient plus englacées qu'à présent, tandis que les glaciers des périodes glaciaires y étaient moins développés que lors de la dernière glaciation.

1.2. De 900 000 ans BP à nos jours

Au Quaternaire moyen et supérieur, les glaciations deviennent plus intenses. Plusieurs phases glaciaires ont été ainsi reconnues dans les données continentales et océaniques (fig 4). Toutes se sont manifestées par l'édification de vastes calottes polaires modifiant la géographie des terres non recouvertes. En fait, dès que les précipitations neigeuses de l'hiver ne fondent pas l'été, les reliquats de neige des années successives s'entassent, se compactent et provoquent peu à peu une masse glaciaire qui continue à s'accroître tant que durent ces conditions. Lorsque le bilan précipitation-évaporation s'annule, la calotte se stabilise et les fragments de ces moraines permettent donc de localiser les anciens fronts de glaciers lors de ses phases de stabilisation. Toutefois, le bouleversement de ces moraines par les avancées glaciaires plus récentes rend l'identification des poussées glaciaires difficile.

Le problème est à l'heure actuelle résolue par l'analyse des données isotopiques dans les sédiments marins ou dans les calottes de glace. Ainsi, au cours du Brunhes, 8 «cycles» glaciaires-interglaciaires ont été mis en évidence. Cela contraste avec la subdivision Alpine classique qui ne reconnaissait que 4 glaciers durant cette même époque : le Gunz, le Mindel, le Riss et le Würm.

En 1955, Emiliani avait déjà découvert qu'il y en avait bien plus et que les observations continentales ne constituaient donc qu'un élément partiel de l'histoire glaciaire. Kukla en 1975, recommanda d'ailleurs de baser la subdivision chronostratigraphique du Pléistocène sur les données isotopiques des sédiments océaniques, de telle sorte que la corrélation spatiale soit plus facile et que le problème de la chronologie soit plus aisément résolu. De plus, cette courbe isotopique montre que les calottes glaciaires ont dû se développer au maximum de leur possibilité c'est-à-dire jusqu'à la limite extrême du plateau continental. Devenue instable, le moindre réchauffement des hautes latitudes a pu alors provoquer une déglaciation rapide, expliquant la forme asymétrique (en dents de scie) des cycles glaciaires-interglaciaires au cours du dernier million d'années.

En fait, des comparaisons entre les diverses informations disponibles pour le Brunhes (NAS, 1975; Shackleton et Opdyke, 1977) montrent que ces variations climatiques ont été retrouvées dans de multiples enregistrements, qu'il s'agisse, par exemple, de planctons de l'Atlantique, du pourcentage de carbonates de calcium dans le Pacifique équatorial, d'un indice faunistique reflétant le changement de composition dans les foraminifères planctoniques des Caraïbes ou de types de sols. Ces changements de climat, du moins ceux à l'échelle de 10 000 à 100 000 ans, furent donc globaux et synchrones entre continents et hémisphères :

1. La composition en ^{18}O des foraminifères de 60 carottes océaniques localisées dans le Pacifique équatorial, dans les Océans Indien et Indien sub-Antarctique, montre que les variations du volume de glace continentale doivent avoir été pratiquement synchrones partout au cours du Pléistocène supérieur.

2. un parallélisme existe au Pléistocène et à l'Holocène, entre les variations en Nouvelle Zélande, en Patagonie, en Amérique du Sud, en Australie et dans l'ouest de l'Amérique du Nord.

3. les fluctuations de grande amplitude de la température des eaux de surface subantarctiques correspondent assez bien avec les phases glaciaire- interglaciaire de l'hémisphère nord, bien qu'un déphasage ne soit pas exclu (Imbrie et al., 1988).

4. Les données isotopiques de l'Antarctique et du Groenland sont similaires au cours des 120 000 dernières années (fig. 5).

5. Les terrasses marines du Japon correspondent bien aux terrasses des Barbades et de Nouvelle Guinée.

6. Au maximum glaciaire de 18000 ans BP, l'atmosphère de la Terre était globalement froide et sèche (fig. 5).

1.3. Le dernier maximum glaciaire (LGM)

Ce dernier maximum d'extension glaciaire a longtemps été considéré comme culminant à 18 ka BP sur base de datation par la méthode de radiocarbone (carbone-14)(fig.6).

On sait, toutefois, que cette méthode possède des imperfections liées à la variation de la production de carbone-14 dans le temps et à l'imprécision de son demi- temps de vie accepté par convention internationale il y a plus de 40 ans (Stuiver, 1990). Grâce à la dendrochronologie, on a pu ainsi montrer que du bois âgé de 10 000 ans avait un âge ^{14}C de 9000 ans seulement. Une partie du désaccord s'explique par un demi-temps de vie conventionnel 3% trop court, mais surtout par une plus grande activité ^{14}C atmosphérique dans le passé. Récemment, Bard et al. (1990) ont pu étendre cette analyse de l'imprécision de la chronologie Carbone-14 grâce à la détermination des âges C-14 lesquels sont systématiquement plus jeunes que les âges Uranium-Thorium. Cet ajustement reporte la date de l'extension maximale de la dernière avancée glaciaire de 18 ka BP à 21ka BP environ, ce qui est d'ailleurs plus conforme aux résultats des simulations faites à partir de la théorie astronomique par Berger et al. (1988).

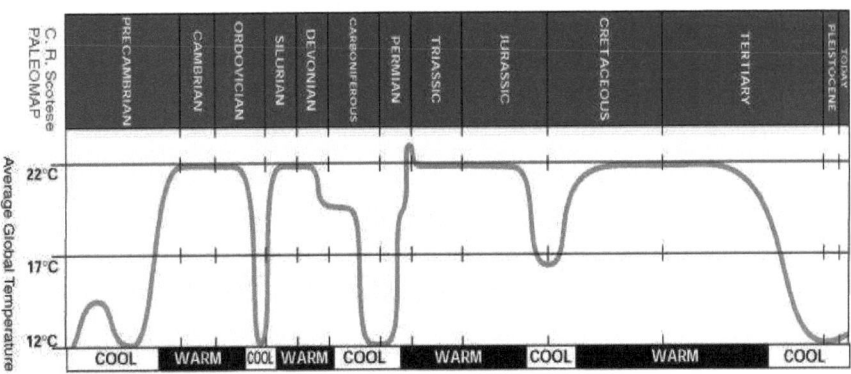

Figure 4: Schéma général de la variation de la température moyenne globale au cours de l'histoire géologique (périodes froides : cool ; périodes chaudes : warm)(http://jcboulay.free.fr/astro/)

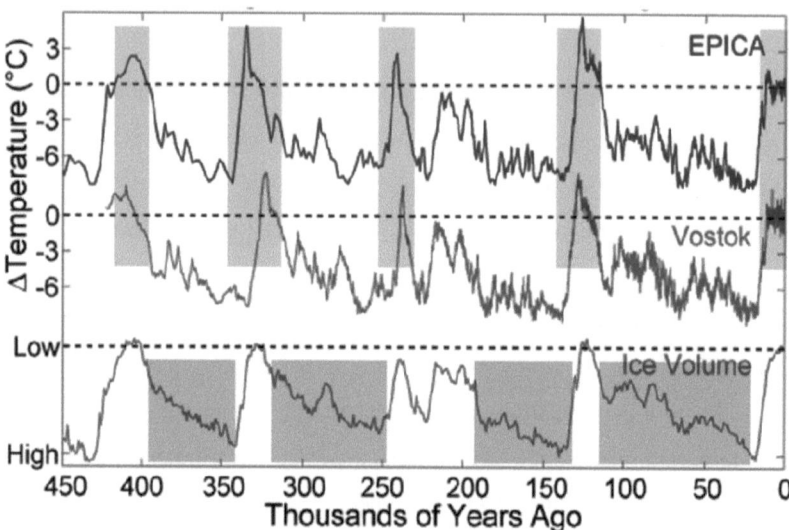

Figure 5 : Evolution au cours du temps de l'anomalie de la température et du volume de la glace. En abscisses, les âges sont exprimés en ka par rapport à l'Actuel qui est le point 0. (www.grida.no/climate/).

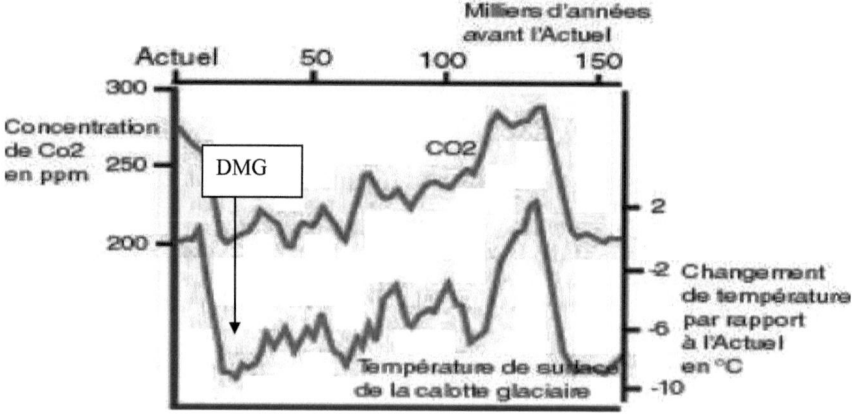

Figure 6: Variation de la concentration de CO_2 et de la température de surface de la calotte glaciaire depuis les derniers 150 000 ans avant l'actuel (www.grida.no/climate/IPCC) (DGM : dernier maximum glaciaire).

2. La fin du Quaternaire:
a. Gaz en traces et aérosols :

La concentration de traces de gaz, tel que le CO_2 et le CH_4, a changé de manière significative lors de périodes glaciaires et interglaciaires, et par moments ces changements furent rapides. Les changements dans les concentrations atmosphériques de CO_2 qui se sont produits par le passé ont pu être établis à partir des calottes glaciaires polaires (Barnola et al., 1987) et plus récemment à partir de tourbières et de carottes prises dans des lacs. Tous ces chiffres montrent des changements de haute amplitude qui sont à peu près synchrones avec des changements paléoclimatiques. Les mécanismes possibles des changements de CO_2 atmosphériques seraient des changements dans la circulation thermohaline océanique et dans la chimie océanique. Si tel est le cas, on pourrait expliquer l'apparent synchronisme interhémisphérique de changement climatique à des périodes où on attendait plutôt des différences interhémisphériques comme résultat d'anomalies insolatoires provenant de phénomènes orbitaux.

Cependant, en ce qui concerne les processus dynamiques impliqués dans le cycle global de carbone, beaucoup de questions restent sans réponse. Certaines de ces questions liées au rôle que jouait autrefois la végétation dans le stockage du carbone terrestre et liées aux réactions aux changements climatiques des surfaces continentales.

Lors de la période du quaternaire supérieur, d'énormes changements dans la charge atmosphérique d'aérosol eurent lieu, étant pour la plupart le résultat de changement dans l'aridité à l'intérieur des continents, et de la production de grandes plaines d'épandage fluvioglaciaire associées au développement et au recul de calottes de glace continentales. Des périodes de flux de poussières dans l'atmosphère durant des périodes froides glaciaires plus fortes sont clairement relevées, y compris dans des calottes glaciaires polaires très lointaines.

Les variations opérées par le passé dans le flux et l'origine de la poussière éolienne peuvent être reconstruites d'après les dépôts de loess, la présence de matériaux éoliens dans les sédiments lacustres et marins, dans les calottes de glace et dans l'étendue des dunes de sable d'autrefois. Les sédiments marins « offshore » sont sûrement le meilleur matériau pour reconstruire les forces du vent d'autrefois sur un long terme et à une large échelle géographique (Gasse et al., 1989).

b. Changements eustatiques du niveau marin :

Pendant le dernier maximum glaciaire, l'étendue de mer glacée dans le nord de l'Atlantique a influencé la localisation et la force du courant jet d'Ouest sur l'Europe (Kutzbach et al., 1993). Lorsque les couches de glace de l'hémisphère Nord se décomposèrent, les flux d'eau de fonte dans le Nord de l'Atlantique ont pu perturber la circulation thermohaline, avec des conséquences allant bien au-delà de la région Nord-Atlantique (Broecker et Denton, 1989). En effet, de tels changements ont pu conduire à davantage de conséquences, par exemple, des changements dans les concentrations de gaz atmosphérique, étant donné que la circulation océanique était perturbée.

Au Niveau régional, les transgressions et régressions marines peuvent changer de manière dramatique la disponibilité en humidité ainsi qu'influencer la saisonnalité de la température. La circulation océanique à grande échelle peut aussi être affectée par les changements eustatiques de niveau de mer.

Les évènements El Nino jouent un rôle critique dans la variabilité climatique à haute fréquence dans la zone tropicale, présentant d'importantes télé connections avec la région non-tropicale (Diaz et Kiladis, 1992). Des changements de conditions à la surface de la mer dans les océans subtropicaux contrôlent en partie la variabilité de la mousson. Les moussons sont conduites, d'une part, par la différence de réchauffement qui existe entre terre et océan, qui est responsable du gradient de pression atmosphérique (qui le flux d'air de la mousson vers l'intérieur durant l'été boréal) et d'autre part, par le dégagement (dû aux précipitations de mousson sur le continent) de chaleur latente qui en résulte, récupérée par des océans subtropicaux du Sud. A l'heure actuelle, les faibles moussons indienne et africaine coïncident avec des anomalies positives de la température des eaux de surface (Sea Surface Temperature) sur les océans subtropicaux du sud. Les données actuelle concernent les SST montrent que les océans du sud sont chauds lorsque le Nord de l'Atlantique et le Nord du Pacifique sont froids (et vice-versa) de telles situations ayant lieu de manière synchronisée avec des périodes de sécheresse dans le Sahel.

Conclusion :

C'est seulement depuis peu que les climatologues savent reconstituer quantitativement le climat terrestre de la fin de l'ère quaternaire. Depuis trois millions d'années, le climat alterne entre des périodes chaudes et des périodes froides. L'évolution de l'insolation en est sans doute un des points de départ pour expliquer la variation naturelle du climat. Mais une chaîne d'interaction entre l'atmosphère, l'océan, les glaces et la surface des continents est à l'origine de modifications de la circulation océanique, du régime des pluies, de la végétation, de la répartition des glaces etc.

Les variations climatiques en Afrique du Nord depuis 30 000 ans jusqu'à l'actuel.

Chapitre 4

Les variations climatiques en Afrique du Nord depuis 30 000 ans jusqu'à l'actuel

Introduction

La zone Afrique représente une zone capitale dans notre compréhension des oscillations de la zone de convergence intertropicale (ITCZ) (Leroux, 1983) (fig. 7). Dans la zone de mousson africaine (une zone à forte population), les vents de mousson pénètrent largement dans les régions basses jusque dans l'Est de l'Afrique, alors que le Sud de l'Arabie et une partie de l'Est de l'Afrique sont influencés par la mousson indienne.

Les changements en Afrique du sud de la fin du Quaternaire et de l'Holocène ont été l'objet de plusieurs études (Partridge et al., 1990; Partridge et al, 1993). Elles démontrent la difficulté d'obtenir de longs enregistrements « conventionnels » terrestres et d'interpréter les données en termes de circulation atmosphérique.

En Afrique équatoriale, les enregistrements polliniques indiquent de vastes changements dans l'étendue des forêts humides durant les 30 000 dernières années, avec une phase de dégradation de la forêt durant le maximum glaciaire (Servant et al., 1993). Ces changements sont en bon accord avec les fluctuations de niveau lacustre dans la région (Talbot & Delibrias, 1980).

En Afrique intertropicale, des informations intéressantes sur le climat continental lors des derniers cycles glaciaires-interglaciaires sont fournis par des matériaux éoliens (Gasse et al., 1989) et les pollens dans les sédiments marins au large de l'Ouest et du Centre de l'Afrique (Hooghiemstra et al., 1987). En zone continentale, la plus grande partie des paléodonnées sont tirées de profils lacustres et de données polliniques. Les quelques enregistrements incluant des périodes antérieures à 30 000 ans sont mal datés. Les informations sur les fluctuations des niveaux lacustres et sur la chimie des lacs sont abondantes (Street-Perrott et al., 1989; Damnati, 1997; Damnati, 2000). Cependant peu de choses ont été faites jusqu'à présent pour tirer des paramètres climatiques des lacs (Kutzbach, 1980). Les fonctions de transfert pollinique, qui permettent aux paléoprécipitations et paléotempératures d'être déduites, ont été établies et utilisées seulement dans l'Est de l'Afrique (Bonnefille et al., 1992).

Les niveaux d'eau de certains lacs profonds de l'Est de l'Afrique pouvaient atteindre 300 m de plus que leur niveau actuel au cours du début et du milieu de l'Holocène.

Dans le Sahara une multitude de lacs se formèrent, favorisant la naissance de civilisations néolithiques il y a neuf mille ans. Lors des deux dernières décennies, le rapport sensible des sociétés aux climats et changements hydrologiques en zones arides et semi-arides fut illustré de manière dramatique par la sécheresse dans le Sahel.

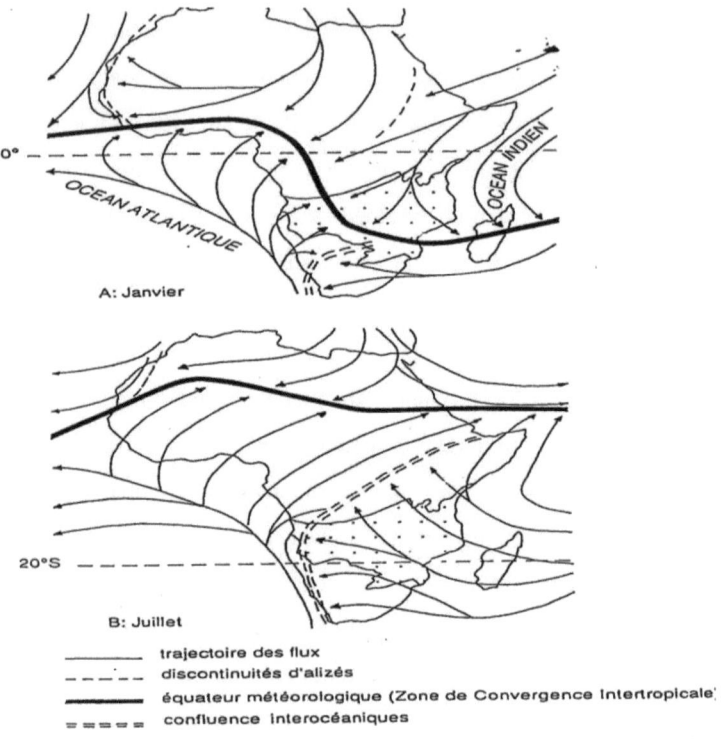

Figure 7: Circulation atmosphérique globale sur le continent africain dans les basses couches aux mois de Janvier et Juillet (Leroux, 1983).

I. Sédimentation continentale: « archives » de reconstitution des variations paléoclimatiques et paléoenvironnementales.

La paléoclimatologie de l'Afrique est principalement basée sur l'étude des dépôts lacustres (cf chapitre 2). Les hauts niveaux associés aux phases hydroclimatiques positives sont déterminés par des critères biosédimentologiques (minéralogie, éléments organiques, diatomées, pollens...) et par des affleurements marqués dans la topographie (niveaux coquillais, stromatolites...)(Damnati, 1997). Les données actuellement disponibles ne couvrent pas la totalité du dernier cycle climatique. Elles démontrent cependant la sensibilité des écosystèmes intertropicaux à travers l'alternance d'environnements contrastés, illustrés par des variations drastiques des niveaux des lacs d'Afrique Intertropicale.

II. Les paléo-données des lacs d'Afrique du Nord :

La nouvelle compilation des données des lacs apporte plus d'informations pour chaque bassin (type, origine, géologie du bassin versant, surface du bassin versant etc.)(Damnati, 1997) comparée à la banque de données des lacs d'Oxford (Oxford lake level data bank: OLLDB; Streett-Perrott et al., 1989). Le but principal est d'avoir le maximum d'éléments d'interprétations des variations relatives des niveaux des lacs (ou status)(Damnati, 2000).

Cette nouvelle compilation contient 64 sites où 30 sites sont nouveaux et 34 sont anciens avec des données nouvelles non ajoutées à OLLDB. Les sites étudiés appartiennent surtout à l'Afrique Nord Equatoriale.

Les sites se regroupent ainsi en trois régions géographiques principales:

1. Région d'Afrique du Nord, Sahara et Sahel:

C'est la région qui contient le maximum de densité des sites. Ces derniers sont soit de type "lacs interdunaires" situées essentiellement dans des bassins entre les dunes, soit de type de lacs situés le long des "wadis" et qui ont été condamnés par des dunes du sable; soit des sites représentés par des dépôts de "plages" situés en aval des systèmes fluviatiles temporaires.

Beaucoup de ces sites sont mal datés et présentent un ou deux âges au radiocarbone (^{14}C) seulement. Les séquences sédimentaires mises à nues par l'érosion et la déflation éolienne sont souvent discontinues.

La majorité des sites présentent des données surtout Holocènes. Des sites avec des données lacustres entre 21000-10000 ans B.P sont très rares.

La majorité des lacs de cette région sont actuellement à secs (fig. 8).

2. Région d'Afrique du Nord-Est:

Un grand nombre de lacs de cette région (d'origine tectoniques ou volcaniques) sont situés le long du rift Nord Est Africain. Beaucoup de ces lacs ont enregistré des variations lacustres et ont fourni des séquences sédimentaires continues, discontinues, et des affleurements marqués dans la topographie (Terrasses lacustres, stromatolites etc.). La majorité des sites de cette région présentent des données surtout de la transition Pléistocène/Holocène et de l'Holocène ancien et moyen (entre 12 000 et 6000 ans B.P.). Les sites avec des données lacustres entre 21000-12000 ans B.P. sont rares.

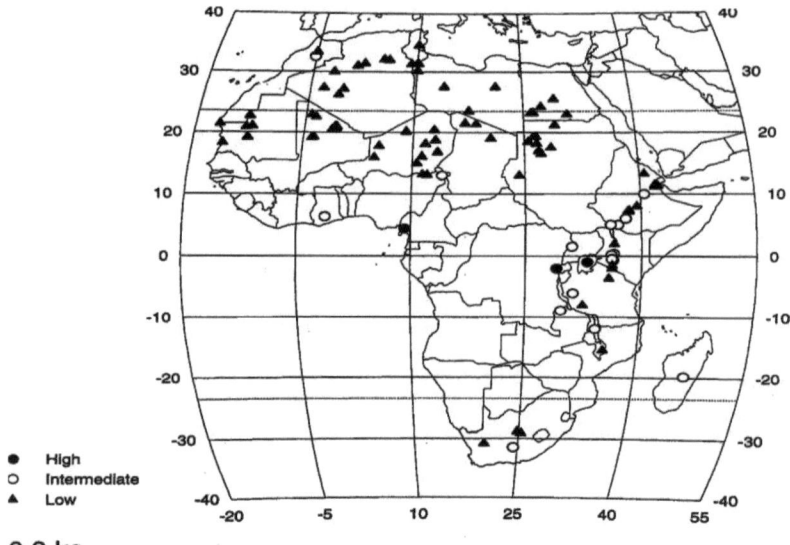

Figure 8: Situation actuelle des niveaux des lacs en Afrique (niveau haut : cercle noir; niveau intermédiaire : cercle clair; triangle : niveau bas)(Damnati, 1997).

III. Le climat en Afrique du nord depuis 30 000 ans B.P jusqu'à l'actuel:

1. La période pré-maximum glaciaire (30000-21000 ans B.P.):

De nombreuses données témoignent d'un épisode palustre à 38000-22000 ans B.P. au Tchad, 28000-24000 ans B.P. au Soudan, 24000-22000 ans B.P. au Sahel (Pachur et Hoelzman., 1991).

Un épisode de haut niveau lacustre entre 40000 et 20000 ans B.P. est enregistré, en particulier en Afrique du Nord Est aux lacs Abhé, Ziway-Shala (Ethiopie)(Gasse et Street, 1978).

2. Le dernier maximum glaciaire:

Le dernier maximum glaciaire daté de 21000-20000 ans B.P. (Bard et al., 1990) coïncide avec l'aridification du climat (fig. 9 et 10). Des études de télédétection et des images satellitaires ont permis de mettre en évidence la présence de dunes longitudinales s'étendant jusqu'au treizième et quatorzième parallèle. La mise en place de telles dunes n'est possible que sous un climat aride (précipitations inférieures à 100 mm annuels) et sous un régime de vents alizés violents. De plus, l'intensification de la fréquence et de la vitesse de ces vents a contribué à l'accentuation de l'évapotranspiration (Sarnthein et al., 1981).

Entre 21000 et 12000 ans B.P., la majorité des lacs de l'Afrique du Nord-Est a enregistré une régression interprétée comme une phase aride.
Dans le bassin du Tchad, les variations relatives du rapport précipitation/évaporation ont permis de mettre en évidence une phase sèche pour la même période (Servant et Servant-Vildary, 1980). Un assèchement relatif du climat entre 20000 et 15000 ans B.P., a également été mis en évidence au lac Barombi-Mbo, caractérisé par une légère variation du niveau lacustre (Maley, 1987; Giresse et al, 1991, Williamson, 1991).
De plus, on remarque que pendant la même période, le nombre des bassins lacustres est faible en liaison probable avec une forte érosion liée à des conditions climatiques arides (fig. 10).

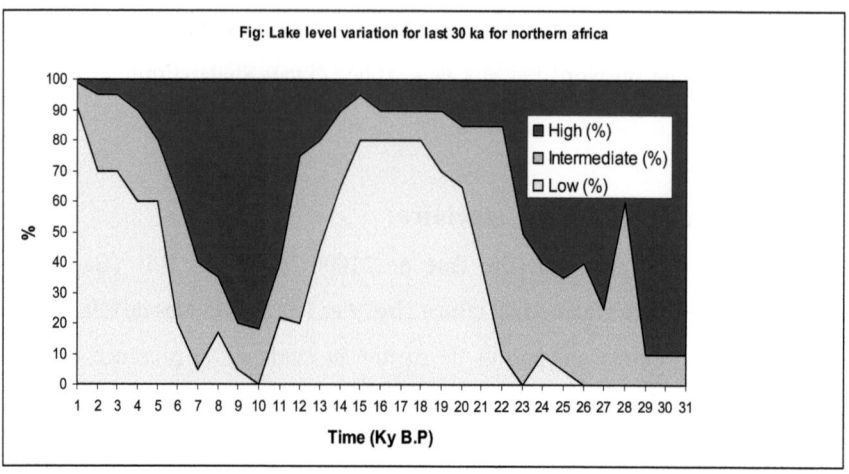

Figure 9: Variation relative des niveaux des lacs pour les derniers 30000 ans B.P. en Afrique du Nord. L'histogramme indique le nombre relatif des lacs avec un haut (bleu, Noir), intermédiaire (orange, gris) ou bas niveau lacustre (clair)(Damnati, en préparation).

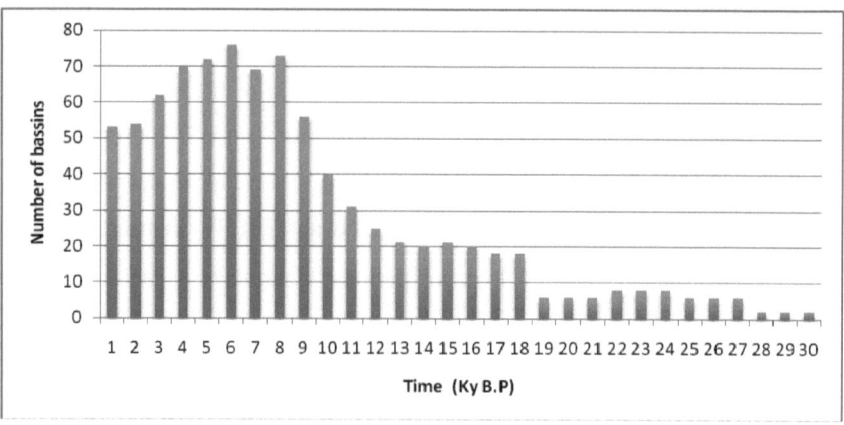

Figure 10: Variation du nombre de bassins lacustres d'Afrique du Nord en fonction du temps (depuis 30000 ans jusqu'à l'actuel) (Damnati, en préparation).

3. L'optimum climatique Holocène:

L'Holocène est bien documenté en Afrique avec plusieurs centaines de datations radiométriques sur coquilles de mollusques, matière organique, bois, ossements et charbons. Les données sont cohérentes avec parfois de différences locales dues à la situation géographique (latitude, altitude, proximité océanique) et au fait de considérer parfois des données paléo-hydrologiques à signification différente (lacs de nappe, lacs endoreïques...).

Ainsi à la fin du Pléistocène et début de l'Holocène (12000-10000 ans B.P.), une phase humide est généralisée dans tous les bassins du rift Gregory en Afrique du Nord-Est (Butzer et al, 1972) et dans la dépression de l'Afar (Gasse et al., 1980). Dans le bassin du Tchad, une augmentation du rapport précipitation/évaporation a été enregistrée (Servant et Servant-Vildary, 1980).

Pour la majorité des lacs d'Afrique, la période comprise entre 10000 et 5000 ans B.P., correspond à un épisode de haut niveau lacustre dont le maximum aurait été atteint entre 9000 et 7000 ans B.P. (Street et al., 1989)(fig. 9 et 10). Cependant, des événements arides de courte durée se surimposent vers 8000 ans B.P. aux lacs Abhé, Ziway-Shala (Ethiopie)(Street-Perrott et Perrott, 1993). La baisse du niveau du lac Tchad a été observée vers 8000 ans B.P. (Servant et Servant-Vildary, 1980).

Dans la zone saharienne, les données paléohydrologiques d'Est en Ouest peuvent être résumées pour la zone autour du tropique:

- Vers 10000 ans B.P., une installation progressive de nappes d'eau de surface saisonnières.
- Entre 9000 et 8000 ans B.P., un optimum hydrologique avec un taux de sédimentation élevé, une réduction de la saisonnalité, et une salinité faible.
- Entre 7000 et 4500 ans B.P., une détérioration irrégulière du rapport Précipitation/évaporation, une baisse du taux de sédimentation, une saisonnalité plus forte, une salinité variable augmentant irrégulièrement, une eutrophisation des lacs, un ruissellement plus brutal, et une évaporation rapide de l'eau de surface.

- Entre 4500 ans B.P. et l'actuel, une reprise éolienne et extension du Sahara vers le Nord et vers le Sud (Damnati, 2000).

Ces résultats ont été mis en évidence dans tous les pays du Maghreb, dans les pays du sahel et au Sudan, à Gilf Kebir, Selima, El Atrun, Oyo (Haynes et al., 1989), Bir tarfawi, Bir Sahra (Pachur et Kroplin, 1987; Pachur and Holzmann, 1991), El Guettara, Agorgott et Haijad (Petit-Maire et al., 1987; Petit-Maire et Riser, 1988, Petit-Maire, 1989; Petit-Maire, 1991 ; Petit-Maire et al., 1991), à Bilma, Bougdouma et la sebkha Mellala (Fontes et Gasse, 1991; Gasse et Fontes, 1992), à la Sebkha de Chemchane (Lezine et al., 1990).

Les données polliniques montrent qu'au début de la déglaciation, il y a 15 000 ans B.P., les forêts de montagne à Podocarpus, Olea... s'étendent 500 m ou plus au dessous de leur limite altitudinale actuelle, enregistrant un refroidissement général des températures (Maley et al., 1991). La dégradation locale des forêts ombro et mésophiles sur leurs marges septentrionales (Lézine et Le Thomas, 1995) sont des indices de l'assèchement contemporain du climat (Lézine, 1996). L'augmentation des pluies entraîne vers 9000 ans B.P. les déplacements vers le nord des écosystèmes tropicaux (Lézine, 1989). Les études palynologiques menées sur des carottes prélevées au large de l'Afrique nord Equatoriale, ont mis en évidence dans les sédiments du golfe de Guinée, deux phases d'accroissement des apports polliniques et donc d'aridité sont enregistrées vers 15000 ans B.P., puis durant l'intervalle 11000-10000 ans B.P. Ces phases, sont caractérisées par la présence de grains de pollen en provenance des environnements sahariens (Lézine et al., 1995). Alors que pendant l'Holocène ancien (vers 8500 ans B.P.), les grains de pollens proviennent essentiellement des écosystèmes forestiers les plus proches (Lézine et al., 1995).

IV. Comparaison des paléo-données des lacs d'afrique du Nord et les modèles climatiques:

Street (1979), Kutzbach (1980), Hastenrath et Kutzbach (1983) ont utilisé le modèle de la balance hydrique pour estimer les précipitations holocènes pour certains bassins d'Afrique de l'Est et pour le lac Tchad en utilisant l'équation suivante:

$$A_L / A_B = (P_B - E_B) / (E_L - P_L)$$

P est la précipitation, E est l'évaporation ou l'évapotranspiration, A c'est la surface du lac (L) ou du bassin versant (B).

Pour le lac Tchad, ce modèle donne une estimation d'environ 300 mm au dessus de la moyenne annuelle actuelle (la moyenne annuelle des précipitations est de 350 mm /an) pendant la période entre 10000 et 5000 ans B.P. lorsque le lac a atteint son maximum (Tableau 3; Kutzbach, 1980).

Au grand lac Ziway-Shala, cette estimation est d'environ 450 mm (considérant la température actuelle) ou 268 mm (avec une température basse de 2 °C).

D'autres estimations de précipitations pendant l'optimum humide au Sahara ont été proposées. Cette estimation varie de 100 mm, 200 mm (Haynes and Haas, 1980) à 400 mm (Ritchie et al., 1985). Au Sahara occidental les paléoprécipitations estimées sont de 250-300 mm entre 22°-23°N et 400-500 mm entre 18°-19° N (Petit-Maire et Riser, 1988). Lezine et Casanova (1989) donne une estimation minimale d'environ 300 mm au dessus des précipitations modernes.

La comparaison entre les données des lacs et les modèles climatiques CCM (Community climate modeling experience 1: CCM1; tableau 4) et particulièrement la comparaison entre les niveaux des lacs (status) et la différence Précipitation-Evaporation (Kutzbach and Street-Perrott, 1985; Kutzbach et al., 1993; Jolly et al., 1998) montre que:

* une surestimation des précipitations dans la zone Equatoriale, au Maghreb à 21000 ans calendaires;

* une sous-estimation des précipitations dans la zone Equatoriale et au Nord-Ouest d'Afrique à 11000 et à 6000 ans calendaires.

Tableau 3: Estimation des précipitations pendant l'optimum holocène en Afrique du nord: utilisation de la balance énergétique et/ou hydrique (DP: différences de précipitations entre la période donnée et l'actuel).

Quelques Sites	9000-0 ans (DP) (mm)	6000- 0 ans (DP) (mm)
Tchad	300[1]	300[1]
Ziway-Shala	450[2] 268[2]	- -

1) Kutzbach, 1980; 2) Street, 1979;

Tableau 4: Estimation des précipitations à partir du modèle climatique CCM1 (Climatic community modeling experience n°1) (DP: différences de précipitations entre la période donnée et l'actuel):

9000 - 0 ans (DP) (mm)	6000 - 0 ans (DP) (mm)	9000 ans (mm)	6000 ans (mm)
200	[0,100]	550	400
200	100	450	350
0	[-100,0]	400	350
-200	-300	600	500
-220	-400	580	400
237	237	300	150

V. Les principales causes des variations du climat en Afrique du Nord :

Le climat de l'Afrique en général et les précipitations en particulier sont contrôlés par la zone de convergence intertropicale (ZCIT) délimitant au sol la rencontre de la circulation de l'atmosphère issue des deux hémisphères (fig. 7). C'est le balancement Nord-Sud annuel de la ZCIT qui détermine le régime des précipitations. Durant l'été, au sud de la ZCIT, le flux austral, après avoir traversé l'équateur, passe d'une direction Sud-Est à une direction Sud-Ouest, et pénètre sur l'Afrique boréale. C'est la mousson qui, après un parcours océanique à l'Ouest ou continental à l'Est, apporte une grande partie des précipitations. Ce flux transéquatorial se charge en humidité, conduisant à l'établissement sur le continent d'un régime de mousson favorable au développement des phénomènes convectifs (Beltrando, 1990). L'écoulement de la mousson est surmonté en altitude par des vents de secteurs est, dont les principaux sont le Jet d'Est Africain (JEA) et le Jet d'Est Tropical (JET). Le JEA vers 500-700 hPa résulte du contraste thermique entre l'air chaud et sec sur le Sahara et l'air relativement plus frais de la mousson, ce qui limite son influence en Afrique de l'Ouest. Le JET observé en été vers 100-200 hPa est lui en rapport avec la mousson indienne. Le flux d'humidité en provenance de l'est traversant la longitude 8°E, sur toute l'atmosphère, est plus important que le flux d'humidité apporté directement par la mousson (Beltrando, 1990).

Au maximum glaciaire (21000-20000 ans B.P.), l'insolation d'été à 65 °N est minimale. L'augmentation du volume de la cryosphère, les profonds changements des températures et des courants océaniques, ont eu sur la circulation atmosphérique (Leroux, 1983) et les climats continentaux des effets drastiques: il ne fait pas de doute que le modèle "glaciaire" s'est accompagné d'une intense phase d'aridité sur la ceinture intertropicale avec une forte réduction des précipitations et une accentuation de l'évapotranspiration par intensification de la fréquence et de la vitesse des vents. L'isohyète 100 mm est alors situé par 13°N (Sarnthein et al., 1981). La ceinture saharienne s'agrandit vers le sud, jusque vers 13°-14°N (Sarnthein et al., 1981; Talbot et al, 1984), au lieu de 17°N de nos jours, et toute la région située autour du tropique du Cancer devient pratiquement abiotique (Petit-Maire, 1991).

Ainsi, tous les indices indiquent un assèchement du climat lié à une intensification de la circulation d'alizé continental au dessus de l'Afrique de l'Ouest en particulier (Leroux, 1983; Lézine et al., 1995) et d'un balancement vers le Sud de la zone de convergence intertropicale limitant la pénétration de la mousson sur l'Afrique en général (Damnati, 2000). De plus, la diminution des températures de la surface océanique a considérablement contribué à la réduction de la force des moussons.

Ces conditions arides sont aussi responsables du transport en masse vers l'océan de poussières, de diatomées d'eau douce (*Melosira sp*) et de grains de pollens depuis les zones sahariennes et sahélienne actuelles (Rognon et al., 1989; Petit-Maire, 1991; Lézine et al., 1995; Rognon et Coudé-Gaussen, 1996).

Sur les côtes africaines, la température des eaux de surface sont restées élevées dans le golfe de Guinée environ 25°C au cours du dernier maximum glaciaire, alors que plus au nord, l'influence du courant des Canaries et de l'upwelling côtier provoquait la persistance d'eaux plus froides (_<16°C) jusqu'à 8000 ans B.P..

Pendant l'Holocène ancien, les moussons dues à l'accroissement du contraste thermique entre l'océan et le continent se renforcent. Les températures au niveau du Sahel actuel étaient de 1,5°C plus basses qu'actuellement, alors que les précipitations étaient 2 à 4 fois plus fortes (Berger, 1992). L'insolation estivale sur l'hémisphère nord à hautes latitudes culmine à 11000 ans B.P.. Ce qui a induit un réchauffement global et une augmentation des précipitations dès 15000 ans B.P.. Ce réchauffement global a été irrégulier et interrompu par un court épisode froid entre 11000 et 10000 ans B.P le "Dryas récent" (Berger, 1992).

A des latitudes aujourd'hui sahariennes, l'estimation des paléoprécipitations faites à partir du contexte hydrologique et biologique, donne des chiffres plus élevés: au Mali par 22°-23°N, 250 mm contre 5 mm actuellement; par 29°N, 400 mm contre 63 mm actuellement; par 17°N, > 500 mm contre 200 mm actuellement (Petit-Maire et Riser, 1988; Petit-Maire, 1991). Il semble donc qu'un fort gradient caractérise ces différences: cela est logique si l'on considère que la mousson d'été et les dépressions tropicales occasionnelles ne touchent plus (ou plus guère selon la latitude considérée) le nord du Mali, tandis qu'elles intéressent toujours le Sahel.

La nouvelle compilation des données des lacs d'Afrique Nord Equatorial, a montré que plus de 60 % des lacs de cette région étaient haut et 20 % étaient intermédiaires à 10000 ans B.P. Entre 9000 et 8000 ans B.P. plus de 80 % des lacs étaient haut et 20 % étaient intermédiaires. A partir de 5000 ans B.P., il y a eu une nette diminution du pourcentage des lacs hauts et intermédiaires marquant l'installation progressive des conditions de plus en plus sèches (fig.10).

Les sédiments marins proches des côtes permettent de préciser qu'en Afrique de l'Ouest (entre 8 et 21 °N), la déglaciation s'est effectuée en trois paliers pendant l'intervalle 16000- 8500 ans B.P. Ces paliers sont datés de 13800 ans B.P.; 12000 ans B.P. et 9000-8500 ans B.P.

Entre 11000 et 10000 ans B.P., la diminution des apports terrigènes du fleuve Sénégal indique une nette diminution de la pluviosité (Sarthein et al., 1981). Une nette augmentation des précipitations sur le bassin de drainage du fleuve Niger a été mise en évidence entre 11500 et 4500 ans B.P.

Conclusions

Entre 30000 et 21000 ans B.P., un ou deux épisodes humides ont été mis en évidence en Afrique du Nord. Cependant, l'existence de cette phase humide est basée sur des datations au radiocarbone. L'utilisation d'un nouveau radiochronomètre par la méthode des déséquilibres U/Th a remis en question quelques âges ^{14}C.

La période entre 21000 et 13000 ans B.P. est caractérisée par une rareté des données chronologiques. En effet, il s'agit d'une période sèche pour toute l'Afrique nord 10°S. Par conséquent, cet intervalle est caractérisé par l'absence de dépôts "datables".

A partir de 13000 ans B.P., reprise des précipitations de la mousson en liaison avec une forte augmentation de l'humidité et un accroissement de la saisonnalité et de l'insolation d'été dans l'hémisphère nord. Cependant cette augmentation des précipitations se serait manifestée dès 12000 ans B.P. aux latitudes de l'Equateur et seulement à partir de 9000 ans B.P. vers 30°N (Street-Perrott et Roberts, 1983; Rognon, 1987; Lézine et Casanova, 1989). Alors qu'elles seraient synchrones sur l'ensemble de l'Afrique boréale selon Alimen (1976) et Fontes et Gasse (1991). De plus, de brèves phases arides se sont alternées avec les phases humides pendant l'Holocène.

A partir de 4500 ans B.P., il y a eu installation de conditions de plus en plus arides similaires aux conditions actuelles.

Les variations climatiques en Afrique du Nord depuis 30 000 ans jusqu'à l'actuel.

Partie 3

Les changements climatiques au Maroc

Chapitre 5

Les variations climatiques au Maroc depuis le dernier maximum glaciaire jusqu'à aujourd'hui.

Introduction

Le Maroc fait partie du Maghreb et de l'Afrique du Nord. Il est donc nécessaire de faire une introduction climatique au niveau du Maghreb avant de spécifier le climat marocain. En effet le Maghreb « environ 1 million de km^2 » est une région de contraste où les contraintes climatiques et les particularités zonales du relief se mêlent étroitement pour déterminer un paysage dans lequel les espaces facilement aménageables par l'homme sont relativement rares.

1. Le climat au Maghreb:

Le climat est subméditerranéen, dominé par l'alternance d'une saison sèche et d'une saison humide et froide. Il existe de grandes nuances régionales, liées aux effets de la latitude (le Maghreb s'étend de 30 à 37° de latitude nord), de la continentalité, qui accroît les contrastes thermiques du nord au sud, et de l'influence du littoral, qui compense l'aridité en atténuant les écarts thermiques et en augmentant l'humidité de l'air, ce qui favorise les précipitations occultes.

Les vents sont de deux types :

- Latitudinaux : d'Ouest en en Est, ils amènent les perturbations atlantiques lointaines, sur le Rif, le Maroc atlantique et l'Atlas.

- Longitudinaux : Du nord au sud, ils véhiculent les perturbations méditerranéennes de basse pression qui provoquent des pluies sur le nord-est algérien et le nord tunisien. Inversement, du sud au nord, ils font sentir les effets de l'anticyclone saharien qui bloque souvent- avec l'aide du relief.

Les vents venus de l'atlantique : c'est de la puissance et du décalage vers le nord des masses d'air sahariennes que dépend dans une large mesure le climat du Maghreb. L'extension septentrionale des hautes pressions subtropicales, et leurs vents desséchant, expliquent le temps chaud et sec de l'été: les températures et l'évaporation sont maximales (Vernet, 1995 ; Tabet-Aoul Mahi, 1999).

Les précipitations annuelles sont faibles, de 200 à 600 mm. Sur les principaux reliefs, les pluies peuvent atteindre 1,5 à 2 mètres (Rif, hautes terres de l'Atlas marocain). A des variations pluviométriques d'Ouest en Est s'ajoute une dégradation principale nord-sud. En Libye, qui est situé au Sud de 32° nord, l'opposition est brusque entre une étroite bande littorale qui reçoit de 100 à 300 mm, et le reste du territoire, y compris le golfe de Syrte qui est tout à fait saharien.

Les pluies sont irrégulières, orageuses, et provoquent l'érosion. Le ruissellement, violent, se traduit par la destruction des sols et le ravinement. L'érosion est aussi éolienne. Elle est aggravée par 5 millénaires d'exploitation humaine. La végétation, méditerranéenne, comprend deux ensembles : la forêt tellienne et en dessous de 300 mm, la steppe qui se dégrade progressivement en direction du désert.

Deux systèmes hydrologiques se partage l'Afrique du Nord. Dans les régions méditerranéennes et atlantiques, des fleuves courts et violents atteignent la mer, comme le Chelif (700 km), la Moulouya (450 km) ou l'Oum Er Rbia (556 km). A l'intérieur, les cours d'eau sont endoréiques : les réseaux hydrographiques sont des bassins fermés.

1.1. Le climat au Sahara :

La définition du Sahara est climatique : 8 millions de km2 à moins de 100 mm de précipitations annuelles, dont la moitié à moins de 20 mm. C'est un désert zonal, lié à la ceinture anticyclonique tropicale de l'Hémisphère Nord. De la puissance et de la stabilité de cette ceinture dépend le degré d'aridité «dans l'espace et dans le temps» du Sahara. Celui-ci a toujours été un désert, au moins au Quaternaire, de par sa position en latitude. Les principales caractéristiques sont :

- une extrême variabilité interannuelle des pluies. Les moyennes n'ont pas de sens, d'autant que les pluies sont toujours très localisées.

- un très fort ensoleillement, souvent supérieur à 3500 heures par an (4000 heures à Adrar, soit 90% du possible).

- des températures très élevées : en Libye ou en Egypte, les maxima quotidiens peuvent atteindre plus de 50°. A In Salah, pour le mois le plus chaud, la moyenne est de 37°. Mais ces températures baissent sur le littoral et en altitude. En hiver, il gèle dans le Sahara septentrional et central. La variabilité de la température est aussi quotidienne. L'évaporation potentielle est très élevée. Les vents sont permanents. L'essentiel de l'année, c'est l'alizé continental (harmattan qui souffle du nord-est au sud-ouest). Pendant la saison des pluies, au sud, le vent de « la mousson » vient du sud et apporte la pluie dans le Sahel et le sud du Sahara.

2. Le climat Marocain actuel:

Le Maroc est situé sur un territoire d'une superficie de plus 750 000 Km^2 dont plus de deux tiers en zone désertique.

La région est à dominance semi aride à aride, soumise à un climat résultant d'influence maritime au Nord, et l'Ouest (Océan atlantique) et sahariennes au Sud. Ce climat se caractérise principalement par:

- Une grande diversité de climat associé à l'étendue en longitude et latitude du pays.
- L'existence de chaîne montagneuse dépassant les 3000 mètres, et l'influence maritime au voisinage des côtes.
- Une grande variabilité spatiale, et inter annuelle des précipitations avec des précipitations plus faible dans la partie Sud, un nombre de jour de pluie très limité (moins de 50 jours sur une grande partie du territoire) et des épisodes de

sécheresses périodiques et fréquentes dont la durée peut dépasser les trois années. Des températures moyennes annuelles élevées, dépassant les 20°C dans le Sud et plus douces le long du littoral. Ceci est lié au niveau élevé du rayonnement solaire parvenant à la région, aux advections fréquentes de masses d'air chaud. Ces éléments entraînent une forte évapo-transpiration.

Etant situé à l'extrémité Nord-Ouest de l'Afrique, le Maroc s'ouvre à la fois sur l'atlantique et sur la Méditerranée. Ces chaînes de montagne séparent de vastes régions qui correspondent à autant de zones climatiques très différenciées. L'effet de la latitude se manifeste par la prédominance d'un climat méditerranéen sur le Nord du pays et par l'existence d'un climat saharien au Sud et au Sud-Est de l'atlas. Cela se traduit par une décroissance des précipitations du Nord au Sud. Par ailleurs, en raison de l'éloignement de l'océan atlantique et de l'effet de barrière que joue la chaîne de l'atlas dans l'atténuation des systèmes nuageux provenant de l'Ouest, les régions orientales reçoivent moins de pluie que les régions occidentales.

2. 1. Température:

Au Maroc une analyse de l'évolution de la température au cours des dernières décennies dans quelques stations a été faite par la direction de la météorologie nationale. Il en ressort globalement que:

. Les températures maximales d'hiver, minimales et maximales d'été montrent des tendances à la hausse.

. La température minimale d'hiver montre une tendance à la baisse.

Le fait le plus marquant de cette analyse et le réchauffement net, enregistré entre les années 70 et 90 : L'augmentation de la température moyenne y est de l'ordre de 2°C.

2.2. Précipitation:

Au Maroc, l'étude de la variabilité temporelle de la pluviométrie des années 30 jusqu'en 1996 dans plusieurs stations, réalisée par la direction de la météorologie nationale, a fait ressortir des tendances à une légère hausse à Meknès, à Kenitra, sans changement à Casablanca, et une baisse relativement plus importante à Tanger et à Ifrane. Considérant la période comprise entre 1961 et 1996 (soit 36 ans), cet étude montre une forte variabilité annuelle et décennale. Ainsi le cumul des précipitations a connue une baisse très importante d'environ 30 % durant la période 1978-1994 par rapport à la période 1961-1977. L'année 1994/1995 a été la plus sèche du siècle alors que l'année 1995/1996 a été la plus pluvieuse du siècle.

Le Maroc reçoit actuellement une grande partie de ces précipitations pendant l'hiver (d'octobre à mars). Les évènements pluvieux au niveau du Maroc ne sont pas corrélables avec ceux de la zone présaharienne. L'étude des précipitations marocaines et présaharienne durant la période (1941-1984) a montré que les coefficients de corrélations n'ont aucune signification statistique (0,16 et 0,11).

2.3. Sécheresse:

Le climat Sud-Ouest de la Méditerranée Occidentale, connaît fréquemment les répercussions désagréables dues aux perturbations du système climatique global, caractérisées par des « sécheresses » parfois sévères, ou encore des inondations. La plus récente sécheresse qui s'est déclenchée depuis le début des années 80, vient d'être interrompue en 1996 pour reprendre en 1998, et qui a été marquée par trois grands épisodes de « sécheresse » en 1980-85, 1991-95, et 1997-2000. Vu la position latitudinale du pays (21-36°N) par rapport aux vicissitudes habituelles du renversement du bilan énergétique hémisphérique, en effet la région est confrontée aux effets négatifs du changement de la circulation atmosphérique qui placerait le Maroc sous la dominance des ambiances climatiques franchement subtropicales. Cette situation ramènerait l'Afrique du Nord à être soumise à des « sécheresses » beaucoup plus fréquentes et probablement plus longues en raison du renforcement du système anticyclonique des Açores et de son élargissement en latitudes et longitudes, ainsi qu'à un retour rare mais certainement abondant des précipitations en période humide induisant des inondations en raison de l'augmentation de la capacité pluviale de l'atmosphère.

L'examen des années de sécheresse vécue par la région durant le 20ème siècle fait ressortir une fréquence plus élevée et une extension spatiale plus importante des sécheresses.

3. Reconstitution du climat au Maroc depuis le dernier maximum glaciaire (depuis 21 000 jusqu'à l'actuel):

Il est à noter ici que le débat sur la stratigraphie continentale du quaternaire terminal marocain n'est pas le sujet de notre étude et qu'un travail très intéressant à ce sujet a été fait par notre collègue Abderrazak Nahid (2001).

Les changements des niveaux lacustres pendant le quaternaire en particulier pendant les derniers 30000 ans sont en relation avec les variations paléoclimatiques (Petit-Maire, et al., 1991 ; Damnati, 2000). Les méthodes de reconstitution de ces changements sont basées sur les études stratigraphiques, sédimentologiques, géochimiques et paléoécologiques. En fait, dans les lacs endoréiques des régions semi-arides, les hauts niveaux lacustres sont fréquemment enregistrés par des terrasses, des anciennes «plages», ou par des expositions de sédiments lacustres autour des marges du bassin versant (Street-Perrott et al, 1989 ; Damnati, 2000). Les changements de la nature des sédiments (faciès) et des taux de sédimentation fournissent aussi une source importante d'information de niveaux d'eau dans le passé. La présence de surfaces d'érosion ou des fentes de dessiccation est corrélée avec le bas ou très bas niveau d'eau. Les dépôts laminés dans certains lacs reflètent une stratification d'eau et le haut niveau lacustre (Damnati et al., 1992; Damnati, 1993b; Damnati et al., 1994; Damnati et Taieb, 1996; Damnati, 1998; Damnati et al., 2000). Les données paléoécologiques (les diatomées, les ostracodes, les mollusques) peuvent aussi être de bons enregistreurs des changements de la profondeur relative d'eau ou de la salinité (El Hamouti et al., 1991; Gasse et Fontes, 1992 ; El Hamouti, 2003). Les données archéologiques peuvent être utiles, particulièrement dans des secteurs semi-arides et arides (le cas du Sahara) où les lacs étaient dans le passé une source importante d'alimentation et d'eau (Pachur et Hoelzmann, 1991, Damnati, 2000).

En plus des études des systèmes lacustres les reconstitutions paléoclimatiques récentes au Maroc se sont basées aussi sur la préhistoire, sur l'étude des sédiments éoliens (étude des dunes et paléodunes et paléorivages), sur l'étude des sols et paléosols et sur l'étude des carottes marines prélevées au large des côtes marocaines.

3.1. Les principaux résultats obtenus par l'étude des sédiments de dunes, paléodunes, sols, paléosols et paléorivages:

Au sud du Maroc, la coupe de l'Oued Tamdroust (prés de Tiznit) montre deux paléosols qui sont séparés par des sables. Ils sont datés de 29 250 ans et de 19 880 ans. Un peu plus au Nord, les sables dunaires sont constitués de sables très fins ou de limons éoliens contemporains de la régression et datés sur Hélix de 25 860 ans, de 28 700 ans à Tifnit (Berrada, 1996), de 27 700 ans sur la côte du Haut Atlas (Weisrock, 1980) et d'environ 28 000 ans au Nord de Safi (Weisrock et Fontugne, 1991). Dans la région de Rabat, des âges ont été obtenus au niveau d'une coupe de la forêt Maamora. Ces âges sont compris entre 36 000 ans et 12 635 ans (Texier et al., 1992, Laouina et Watfeh, 1993).

Ces âges suggèrent une phase pédogenèse autour du maximum glaciaire (MG), mais plusieurs coupes montrent que l'ensablement a repris ensuite jusqu'à 13 000 ans. Cette mobilité des sables après le maximum glaciaire est observée à Essaouira, sur l'Oued Ksob inférieur (Rognon, 1987). Dans la région de Tiznit, des sols brunifiés et des croûtes stromatholitiques sont datés de 19 880 ans. Ils sont surmontés par des sables indiquant des conditions de plus en plus arides jusqu'après 14 590 ans. Plus au nord cette migration tardive des sables éoliens est confirmée jusqu'à environ 11 000 ans (Weistrock et Miskovsky, 1988; Weistrock et Fontugne, 1991; Laouina et Wafteh, 1993).

La croûte calcaire marque la fin de la succession des sables éoliens et le début d'un ruissellement important au cours d'une période humide (Laouina et Wafteh, 1993).

Il est à noter que les dates autour du maximum glaciaire sont rares. Par conséquent, les interprétations paléoclimatiques reste difficiles. Cependant, la migration des sables (dunes) jusqu'à environ 14 000 ans serait en liaison avec des conditions climatiques arides (froides et sèches).

La période comprise entre 14 000 et 11 000 ans est marquée par des figures d'érosions considérables liées à des pluies torrentielles (Rognon et Code-Gaussen, 1996). Cette période serait en liaison avec le retrait rapide du courant de décharge polaire et l'installation d'un upwelling lié à la remontée de l'alizé vers le Nord au début de l'Holocène (Code-Gaussen, 1996).

L'holocène relativement bien datée (Weisrock et Berrada, 1998) est caractérisé par : en latitude l'air saharien, chargé de poussière a remplacé le jet d'Ouest, qui surmonte habituellement les westerlies. Au sol, des hautes pressions stationnant sur le Maroc, entraînant, surtout en saison chaude, des vents d'est (chergui) chargés de poussières (Rognon et Code-Gaussen, 1996). Il est à noter que d'un point de vue climatique, le secteur côtier ne reflète pas forcément les tendances générales connues au Maghreb (Rognon, 1987).

L'étude des formations sédimentaires du Quaternaire terminal du Tafilalt (sud-est du Maroc) a apporté des éléments de réponses très importants sur le paléoclimat de cette région (Boudad et al., 2003; Boudad, 2004). En effet, Boudad (2004) a montré l'importance des dépôts sédimentaires et le grand intérêt morphoclimatique de cette région à la jonction des domaines structuraux atlasique, anti-atlasique et saharien, et des domaines climatiques semi-arides montagnard, sub-arides et arides. Cette étude a montré que la région a connu plusieurs oscillations climatiques:
* Les dépôts carbonatés vers environ 20 000 ans serait en liaison avec des conditions climatiques humides (Boudad, 2004).
* Vers 12 000 ans des conditions climatiques arides sont marquées par des phénomènes de déflation.

* Vers la fin du Soltanien, cette aridité du climat favorise une érosion générale et marque la fin du cycle Soltanien.

* Le Rharbien moyen/supérieur débute également par une phase aride à régime torrentiel de plus en plus humide.

* La fin de Rharbien se caractérise par un climat de plus en plus aride et une installation du climat actuel.

3.2. Les principaux résultats obtenus par l'étude des séquences lacustres du Moyen Atlas:

Les principaux sites lacustres étudiés sont situés dans le Moyen-Atlas. Ce dernier est situé au sud de la chaîne rifaine et au nord du Haut Atlas. Son altitude est comprise entre 800 et 2800 m. Au-dessus du socle paléozoïque du Moyen Atlas marocain, s'individualisent deux grandes unités géomorphologiques et structurales de direction SW-NE : le causse moyen Atlasique ou moyen atlas tabulaire et le moyen atlas plissé (Martin, 1981). C'est un ensemble karstique qui a favorisé la mise en place de dépressions lacustres dans la zone tabulaire. Toutefois il n'est pas exclu que quelques dépressions, correspondent à de petits cratères d'explosion d'origine volcanique sans émission de laves effusives ou des dépressions tectoniques.

Le climat du moyen Atlas central est humide et froid. Les précipitations sont reçues entre Novembre et Mars et les températures les plus froides sont enregistrées de Septembre à Juin. Le site lacustre étudié se situe dans la région d'Ifrane c'est à dire sur le Causse moyen atlasique et à proximité du moyen Atlas plissé. Les isohyètes de la région (fig.11 et 12) suivent les reliefs sur lesquels viennent buter les vents humides de l'Océan atlantique (Martin, 1981). La pluviosité moyenne annuelle du secteur étudié est de l'ordre de 1200 mm et la température moyenne annuelle varie entre 3 et 16°C (Martin, 1981).

Le Moyen-Atlas constitue donc une masse d'eau de hautes terres plus arrosées que les bas pays voisins. Les contrastes sont très marqués surtout à l'ouest et au Nord-Ouest (Martin, 1981). Les isohyètes suivent les directions des premiers reliefs du

Causse contre lesquels viennent buter les vents humides de l'océan, dispenseurs de précipitations généreuses en saisons froides (fig, 13).

Ainsi, dans les basses terres voisines, la lame d'eau tombée annuellement ne dépasse guère 700 mm : Meknès 573 mm à 530 m d'altitude. Sur les premiers reliefs, on enregistre une augmentation sensible des totaux de pluies annuels: El-Hajeb 655 mm à 1050 m d'altitude. Au dessus de ces stations, les précipitations deviennent plus importantes : Ifrane 1122 mm à 1550 m d'altitude (fig. 13). A l'intérieur du Causse, les précipitations décroissent rapidement en direction du Moyen-Atlas plissé. Le Moyen-Atlas plissé forme une deuxième barrière orographique sur laquelle viennent se régénérer de nouvelles formations nuageuses donnant de précipitations qui peuvent dépasser 1000 mm par an. Le Moyen-Atlas central n'est donc pas une entité homogène, et présente de fortes variations orientées principalement par l'orographie. De plus, on y trouve des îlots d'aridité qui se localisent essentiellement dans les couloirs abrités par des chaînons élevés : Boulmane 513 mm à 1600m d'altitude (Benkadour, 1993). Le mois le plus pluvieux est presque exclusivement le mois de décembre, de manière plus nette dans les stations du N-W (Martin, 1981). La pluviométrie est marquée par deux maximas : novembre – décembre et mars – avril (fig. 13). Une partie importante de ces précipitations parvient au sol sous forme de neige. Cette neige tombe essentiellement durant le mois de décembre, janvier et février. Les secteurs à enneigement prolongé se trouvent essentiellement sur le Moyen-Atlas plissé (sommet de jebel Bou Nacer, Jebel Moussa et Jebel TichouKt).

La végétation est aussi fonction de la topographie (Benabid, 1982). La zone comprise entre 800 et 1000 m d'altitude comprend une culture intensive de l'olivier, de céréales et de légumes. Entre 1000 et 1200 m, on note la présence d'armoises, de thym, de lentisque et d'arbousiers. Entre 1200 et 1500 m, la végétation est constituée par des chênes verts. Entre 1500 et 1600 m, les forêts de cèdre dominent. La zone entre 1600 et 2500 m comprend des épineux xérophytes (fig. 14).

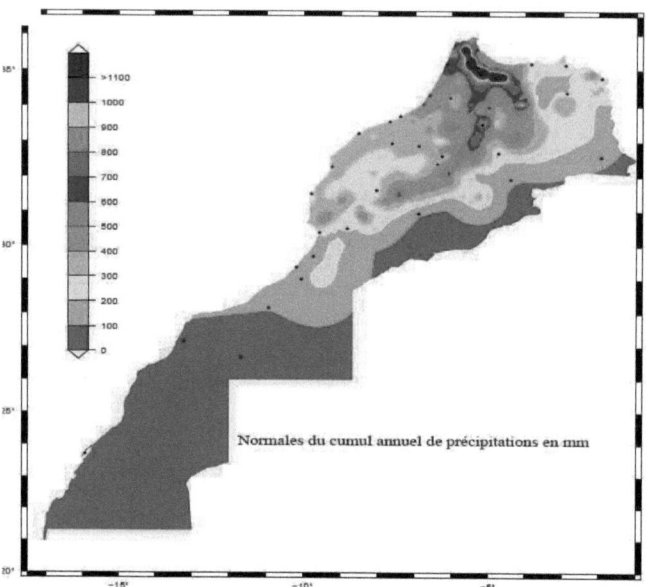

Figure 11: Pluviométrie annuelle moyenne au Maroc calculée sur la période 1971-2000 (Driouech, 2010).

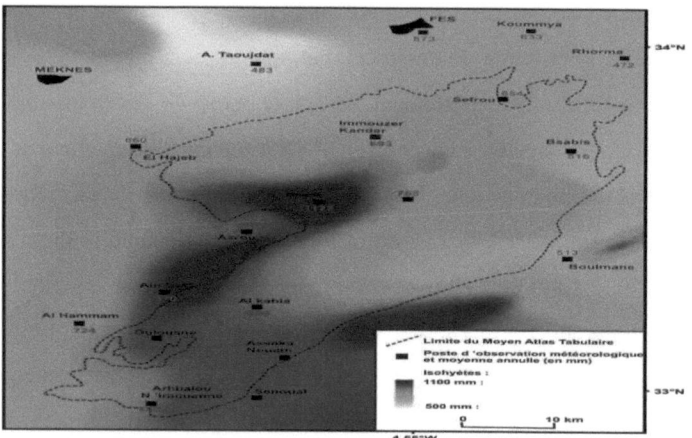

Figure 12: La carte des isohyètes dans la zone d'étude au Moyen-atlas central (dans Etebaii, 2009).

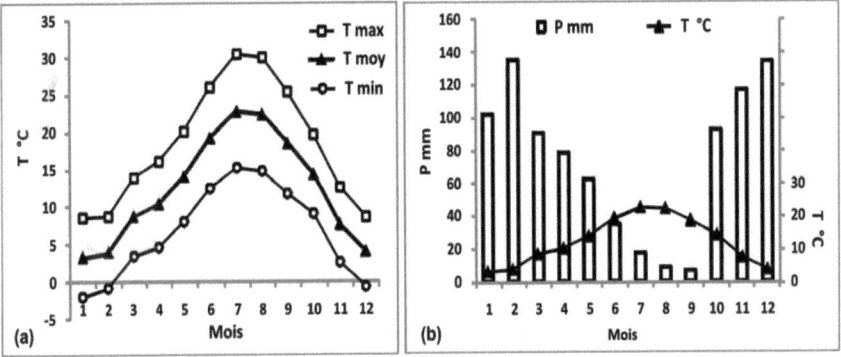

Figure 13: Le diagramme ombrothermique de la station d'Ifrane-aviation à Ifrane (1650 m).

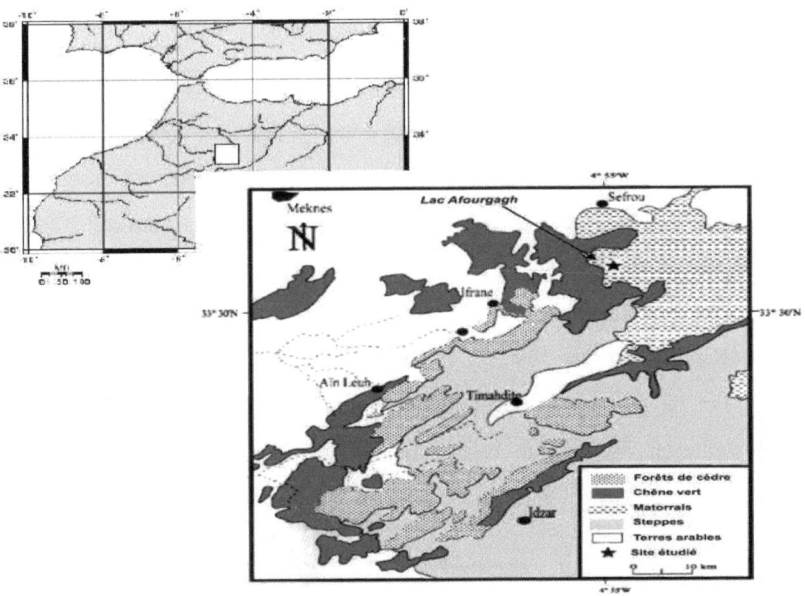

Figure 14: Les formations végétales du Moyen-Atlas central dans la zone d'étude (Iffer, Ifrah et Affourgagh (dans Benkaddour, 1993).

3.2.1. Site de Tigalmamine :

C'est un système lacustre constitué de trois cuvettes creusées dans le Karst du moyen Atlas marocain (32° 54'N 05° 21'W, 1600 à 1800 m). Quatre carottes ont été prélevées dans ce lac. Elles ont fait l'objet d'une étude pluridisciplinaire (sédimentologie, géochimie, paléobiologie)(El Hammouti, 1989; Benkaddour, 1993; Lamb et al., 1995; El Hammouti, 2003).

Cette étude pluridisciplinaire, menée sur les quatre sondages a permis de reconstituer les principales fluctuations du niveau lacustre surtout pour la période Holocène interprétables en terme de changements hydrologiques et climatiques à l'échelle de Tigalmamine et du Moyen Atlas central marocain.

a. Pléistocène supérieur entre 18 000 (?) et 10 000 ans :

Entre 18 000 (?) et 16 000(?) ans en bordure de la cuvette centrale (sondage littoral), l'association à Cyclotella sp aff comensis type 3 caractérise un milieu de faible profondeur et de température plus fraîche qu'actuellement, riche en hydrophytes. Par ailleurs, des signes d'aridité entre 18 000 et 8 500 ans, apparaissent dans le diagramme pollinique du sondage littoral et central par un assemblage à herbaceae (Gramineae, Chenopodiaceae et Artemicia) (El Hammouti, 2003). Un climat aride, sec et froid semble régner dans le moyen Atlas marocain vers 18000-16000 ans. Cet évènement serait synchrone au Würm tardif et de l'aridité maximale du Sahara et Sahel (Damnati, 1997).

Entre 16 000 et 10 300 ans, le développement de Cyclotella sp aff comensis type 3 traduit l'installation de lacs de type subalpin et aussi l'abondance des espèces périphytiques. Cependant, il faut rester prudent au sujet de la chronologie pendant cette période.

b. Holocène inférieur entre 10300 et 6700 ans :

Dans l'ensemble, les Diatomées, les ostracodes et les Charophytes, plus ou moins abondants, plaident pour des milieux peu profonds, instables et mésotrophes.

Le chimisme et la température de l'eau sont très fluctuants (fig. 15)(El Hammouti, 2003). Toutefois, un changement majeur dans l'environnement du site de Tigalmamine est enregistré à partir de 9000-8500 ans.

* Entre 10300 et 9000 ans :

Le site de Tigalmamine enregistre un déficit hydrique comme le suggère des lacunes de sédimentation dans le site Admer et le sondage littoral. Le sondage central enregistre des niveaux avec et sans gyrogonites ainsi que des fortes fluctuations des deux rapports (Mg/Ca) et (Sr/Ca) (Benkaddour, 1993). Ce qui plaide pour un milieu de faible profondeur aux conditions thermiques et chimiques très instables. Ces épisodes régressifs abrupts d'âges 10300 et 10000 ans paraissent synchrones de brèves phases sèches enregistrées au Sahara (Gasse, et al 1990) et dans plusieurs lacs tropicaux (Streett & Perrot, 1989) et qui correspond à l'épisode froid du Dryas Récent (11000 – 10000 ans), attribué à un blocage de la mousson dû aux changements de la circulation océanique.

* Entre 9000 et 8000 ans :

Cette période est marquée par une transgression rapide suite au retour des précipitations et des températures clémentes dans le Moyen Atlas, conduisant à un optimum lacustre vers 8500-8200 ans. La profondeur des milieux est estimée entre 2 et 4 mètres. La baisse de la température estivale de la lame d'eau est inscrite par une chute des rapports (Mg/Ca) moyens dans la cuvette centrale. Les valeurs des rapports (Sr/Ca) moyens sont basses et stables (Benkaddour, 1993).

La reprise de conditions humides au Maroc, coïncide avec une baisse très importante des concentrations de CO_2 dans l'atmosphère, et une augmentation de 4°C de la température des eaux de surface océaniques.

Cette phase humide a été observée aussi à Wadi El Akarit en Tunisie et aussi dans d'autres sites en Algérie et au Niger (Dubar, 1988 ; Gasse et al., 1990).

*Entre 8000 et 6800 ans :

Le site accuse un déficit hydrique important. On assiste dans l'ensemble à un faciès sédimentaire et une flore de diatomées de bas niveau lacustre. Ces stades marquent la disparition de plan d'eau libre et la mise en place de milieux marécageux vers les rives. Cette phase de bas niveau lacustre, est matérialisée par des tiges de Charophytes et des teneurs en carbonates très élevées (90 %) dans le sondage central (Benkaddour, 1993). Les pics des rapports (Sr/Ca) et les nuages très étendus des rapports (Mg/Ca) dans les valves d'ostracodes évoquent des fortes variations de température et du chimisme des eaux (Benkaddour, 1993; Lamb et al., 1995).

Cette phase coïncide avec une baisse de la température des eaux océaniques de surface d'été au large du Portugal (Duplessy et al., 1986 ; Duplessy, 1990).

* Entre 6800 et 6700 ans :

Cette phase est marquée par des pulsations positives induisant une réinstallation d'une phase lacustre plus importante. Dans la cuvette centrale, l'installation du lac et la dilution des eaux sont enregistrés par des niveaux laminés sans Charophytes, des faibles valeurs du rapport (Sr/Ca).

c. Holocène moyen entre 6700 et 3000 ans :

Cette phase est marquée par un optimum hydrologique et climatique dans le site de Tigalmamine avec une phase régressive entre 4500 et 4300 ans.

* Entre 6700 et 4500 ans :

Un lac profond, d'eau douce et oligotrophe s'individualise dans la cuvette centrale. La chute des valeurs des rapports (Mg/Ca) et (Sr/Ca) et des marnes plus ou moins laminées et sans Charophytes plaide pour ces conditions hydrologiques optimales. Les premières apparitions de Cedrus atlantica remonte à 6500 ans (Lamb et al, 1995).

* Entre 4500 et 4300 ans :

Une phase de bas niveau lacustre, est enregistrée par une prolifération des Charophytes qui forment un tapis au centre du lac. Les rapports (Mg/Ca) et (Sr/Ca) sont en faveur d'une légère augmentation de la salinité et d'une faible diminution des températures.

* Entre 4300 et 3000 ans :

Cette phase marque un retour des conditions hydroclimatiques humides semblables à celles des épisodes humides de 6700 et 4500 ans. Les valeurs, relativement stables, des deux rapports (Sr/Ca) et (Mg/Ca) témoignent des eaux diluées et des températures tièdes.

d. Holocène supérieur entre 3000 ans et l'actuel :

Le lac est profond avec toutefois deux régressions abruptes vers 3000-2800 ans et vers 1900-1700 ans.

* Entre 3000 et 1700 ans :

Ce stade d'eau profond est entravé par deux évènements régressifs abrupts dans le sondage central, à 3000-2800 et 1900-1700 ans.

* Entre 1700 ans et l'actuel :

Les conditions actuelles s'installent. La flore de diatomées est actuelle. Les Ostracodes deviennent très rares et les Charophytes disparaissent du sondage central. L'action humaine prend de l'ampleur à partir de la dernière moitié de l'Holocène marquée par un spectre pollinique à graminaceae (Lamb et al, 1995).

La reconstitution des précipitations et des températures en se basant sur les données polliniques (Cheddadi et al., 2004) montre que pendant la période holocène comprise entre 10500 et 9000 ans B.P, le climat était relativement aride et chaud par rapport à l'actuel. La température de l'hiver et de l'été était plus élevée de 2 à 3 °C (fig. 16). La période comprise entre 9000 et 8500 ans montre une température relativement plus élevée de 4°C par rapport à la température actuelle. Cette augmentation de la température va entraîner une augmentation de l'évaporation au dessus de l'océan atlantique et par conséquent une augmentation des précipitations au niveau de la région de l'Atlas (sous l'action des vents d'Ouest).

Le sondage dans le lac Tigalmamine a fourni un enregistrement couvrant les derniers 10000 ans qui a permis la reconstitution de l'évolution de la végétation ainsi que du climat. Les différents paramètres étudiés ont mis en évidence des conditions climatiques très humides entre 9600 et 8000 ans. Des conditions relativement arides se sont installées entre 2500 et l'actuel (Benkaddour, 1993; El Hamouti et al., 1991; Gasse and Fontes, 1992)

La période correspondant au maximum glaciaire et à la déglaciation ne semble pas avoir été enregistrée dans ce lac.

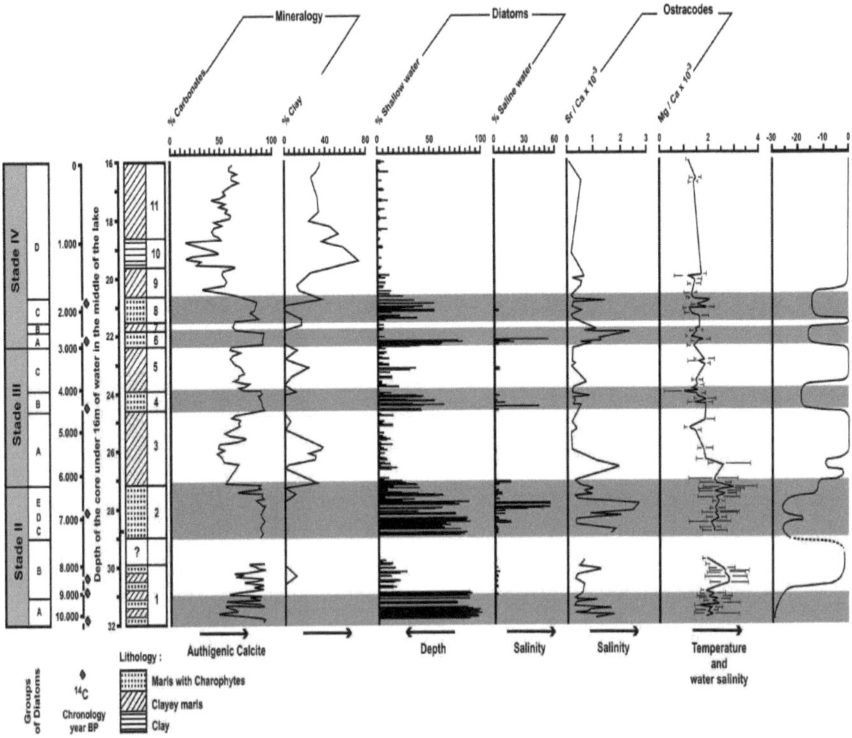

Figure 15: Fluctuation de la profondeur d'eau d'Aguelmane An Amasse déduite des différents paramètres «Minéralogie, diatomées et ostracodes» (Lamb et al., 1995 ; El Hamouti, 2003).

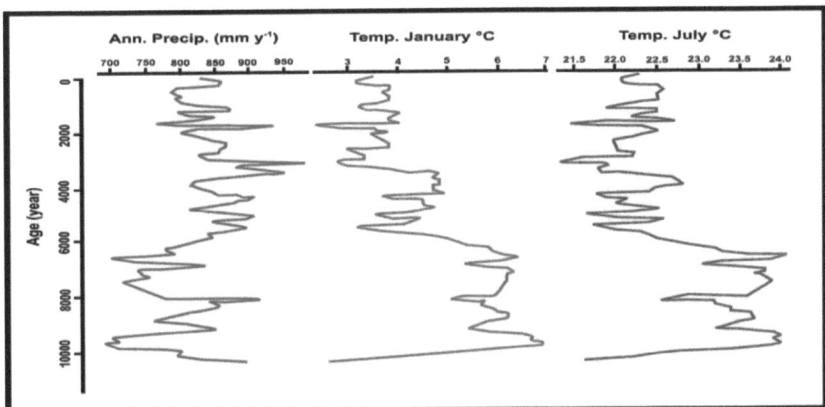

Figure 16: Reconstruction de quelques paramètres climatiques au niveau du lac Tigalmamine (Cheddadi et al., 2004)

3.2.2. Site de Sidi Ali (à environ 40 km de Tigalmamine):

L'étude des pollens, des diatomées et les études sédimentologiques et géochimiques des sédiments du lac Sidi Ali ont confirmé les variations climatiques observés au lac Tigalmamine en plus des variations de l'intensité de l'érosion au niveau du bassin versant pour les derniers 7000 ans (Barker et al., 1994 ; Lamb et al., 1999).

3.2.3. Sites Ifrah, Iffer et Afourgagh:

Une campagne de carottage a été organisée en novembre 2000 dans la région du Moyen Atlas marocain (dans le cadre des projets Protars III D15/57 et PICS 596/05/CNR). Ainsi, dans un premier temps, plusieurs sites lacustres ont été visités et échantillonnés. Puis nous avons choisi les lacs Iffer, Ifrah et Afourgah pour une étude pluridisciplinaire.

Pour les échantillons d'interface, les carottiers Kajack (gravitaire) et Wright (à piston maintenu par câble) ont été mis en œuvre ; il s'agit de carottes de 20 à 120 cm de longueur. Pour les carottes plus longues (8,5 m), les carottiers Wright ou Segelm fixés sur bâti ont été employés.

Quelques paramètres marqueurs de l'environnement ont été mesurés. Les méthodes d'approche retenues s'appuient en particulier sur :

* des analyses géochimiques des éléments majeurs et en traces des sédiments d'interface faites par spectrométrie d'émission optique source à plasma (ICP-OES). Pour la préparation des échantillons, une méthode de routine par fusion au métaborate de lithium a été utilisée;

* des paramètres physico-chimiques des eaux actuelles tels que le pH (mesuré par un ph-mètre) et l'oxygène dissous (une microsonde portable);

* des déterminations des minéraux argileux par diffractométrie aux rayons X (le diffractomètre utilisé est muni d'un tube de cobalt);

* des mesures de carbone organique et de carbonates par perte au feu et par calcimétrie et surtout par la méthode du CHN;
* des comptages palynologiques sous microscope optique.

a. Les résultats de l'étude des sédiments anciens du lac Ifrah :

Après une étude du système lacustre actuel (Damnati & Taieb, 2003, Etebai et al., 2012), l'étude de la géochimie des éléments majeurs de la longue carotte de 9 m prélevée au lac Ifrah, permet d'une façon générale de montrer que les éléments majeurs dominant sont SiO_2, CaO et Al_2O_3. Les faibles pourcentages sont ceux de Fe_2O_3, Na_2O et K_2O. L'évolution de ces éléments chimiques en fonction de la profondeur permet de mettre en évidence deux unités lithostratigraphiques. Une unité inférieure avec des teneurs élevées en SiO_2, Al_2O_3, et K_2O alors que la teneur en CaO est faible. Dans l'unité supérieure, c'est l'inverse qui se produit (fig. 17).

Les fortes teneurs en SiO_2, Al_2O_3, et K_2O au niveau de l'unité inférieure seraient liées probablement à des apports éoliens importants chargés en minéraux détritiques pendant une période relativement aride datée entre 21000 ans et 16000 ans. L'étude palynologique d'une séquence issue du lac Ifrah (Cheddadi *et al.*, 2002 ; Cheddadi et al., 2004) indique que ce lac a enregistré la dernière période glaciaire avec une végétation steppique à plus de 90% des plantes composant le paysage autour du lac. Cette steppe est remplacée au fur et à mesure par une végétation arborée vers le sommet de la carotte, qui correspondrait au début de l'Holocène. Il semble cependant que les derniers huit millénaires environ soient manquants dans ce premier sondage dans le lac Ifrah. La reconstitution des températures et des précipitations en se basant sur les données polliniques, montre que pendant le dernier maximum glaciaire la température hivernale était de 10 à 12 °C plus basse qu'actuellement. Les précipitations moyennes annuelles ne dépassaient pas 400 mm/an. Alors que, la région reçoit actuellement une moyenne de 800 mm/an.

L'unité supérieure Holocène s'est déposée pendant une période humide où les apports chargés en carbonates issus directement du bassin versant sont plus importants.

Pendant cette période, il semblerait que les mêmes conditions de température et de précipitation ont régné au niveau des lacs Ifrah et Iffer qu'au niveau du lac Tigalmamine.

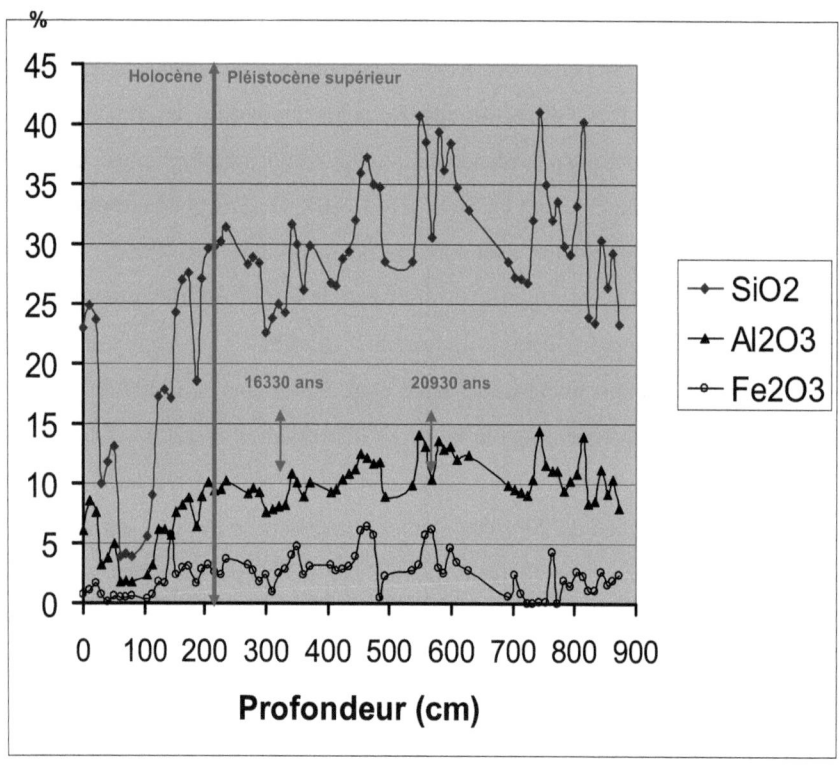

Figure 17: Géochimie des sédiments du lac Ifrah (Damnati et al., 2014).

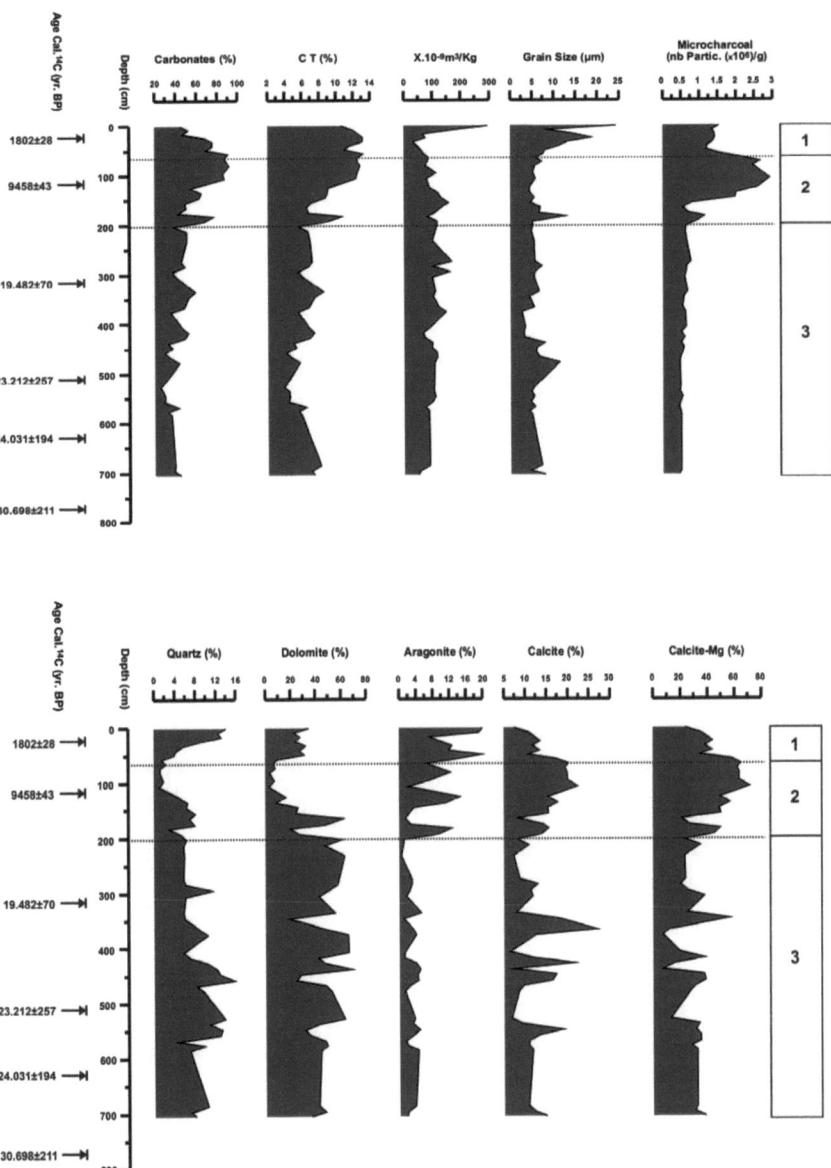

Figure 18: Variation du pourcentage de quelques paramètres sédimentologiques, minéralogiques et des microcharbons des sédiments du lac Ifrah (Reddad et al., 2013).

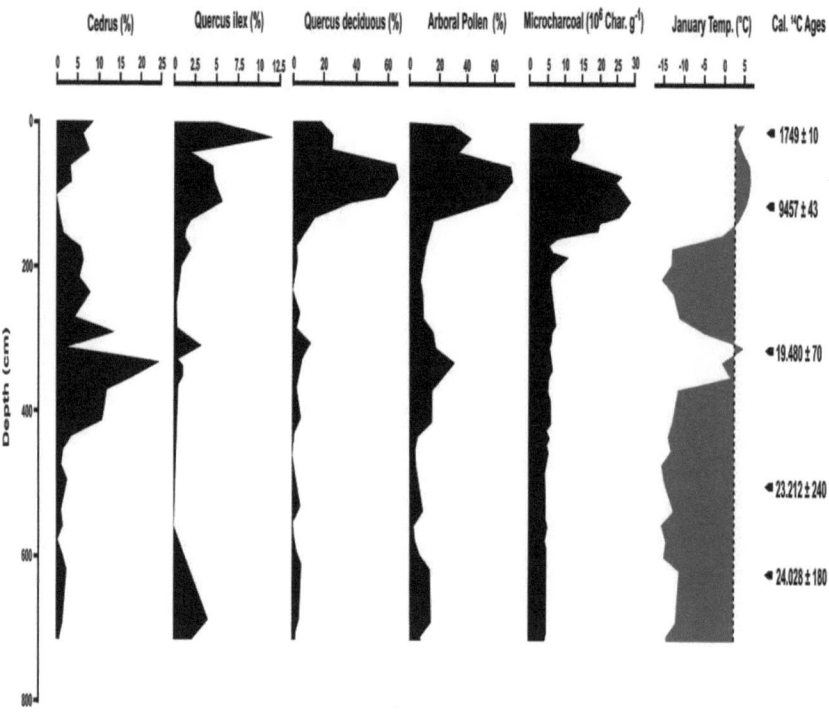

Figure 19: Variation du pourcentage des pollens des sédiments du lac Ifrah (Rhoujjati et al., 2010 modifié ; Reddad, 2012).

Les résultats de la géochimie organique (fig. 18) livrés par la même carotte ont permis de subdiviser la séquence en trois unités lithostratigraphiques.

* L'unité inférieure, antérieur 21000 ans BP, montre des teneurs en carbone organique total (COT) autour d'une moyenne de 4% et des teneurs du rapport C/N variant entre 10 et 18. Cette accumulation de matière organique coïncide avec des apports silteux en abondance avec une moyenne de 80 % (fig. 18). Cette unité serait déposée pendant une période tempérée où les conditions étaient favorables pour une productivité algaire comme le montre les valeurs du C/N autour de 12. Au cours de cette période humide les eaux alimentant le lac étaient chargées surtout d'une fraction fine notamment les silts.

* Au Pléistocène supérieur (probablement entre 21000 et 8500 ans BP) voit le déclin de la productivité autochtone comme le montre les valeurs très faibles du COT (1% en moyenne). La matière organique (MO) déposée pendant cette période coïncide avec des apports argilo-silteux en abondance. Cette unité serait déposée pendant une période froide où les conditions climatiques seraient défavorables pour une production autochtone. Le peu de matière organique déposé serait arrivé du bassin versant (C/N > 20) associé à des apports argilo-silteux.

* Pendant la période Holocène on assiste à un retour progressif de la productivité lacustre pour atteindre les valeurs les plus élevées de toute la séquence vers le sommet des teneurs de 6% en moyenne. Les apports silto-sableux qui abondent dans cette unité coïncident avec de fortes valeurs de CaO et de la calcite qui montrent une parfaite similarité dans la distribution en fonction de la profondeur. Le SiO_2 et Al_2O_3 enregistrent les teneurs les plus faibles de la séquence et montre une anticorrélation avec les teneurs de la calcite et du CaO. Les valeurs du rapport C/N (12 en moyenne) indiquent la prédominance d'une matière organique autochtone.

Cette dernière a été produite par le phytoplancton et les algues aquatiques au cours d'une période climatique humide. La conservation de cette matière organique serait en relation avec l'augmentation du niveau lacustre.

b. Comparaison entre les résultats minéralogiques, géochimiques et le comptage des microcharbons des sédiments anciens du lac Ifrah

La compilation des résultats du comptage des microcharbons à ceux de la minéralogie (DRX), de la susceptibilité magnétique et de la géochimie organique et minérale livrés par la carotte du lac Ifrah ont permis selon le modèle d'âge établi de voir que (fig. 18):

- ***L'unité inférieure 3 (entre la base de la carotte et 200 cm ; avant 13000 ans B.P)***

Elle montre une faible variabilité des teneurs en microcharbons témoignant d'une très faible activité des feux. Ceci coïncide avec de faibles teneurs en carbone organique total (COT) et de fortes teneurs en calcite, calcite-magnésienne et des éléments détritiques (quartz, dolomite, Sc, Ti, Cu et Pb). Cette unité serait déposée lors d'une période instable, marquée par l'installation d'un climat sec et froid. L'avènement de ce climat aurait causé la régression du niveau du lac permettant ainsi la précipitation des carbonates, de la calcite et de la calcite-Mg. L'abondance des éléments détritiques serait liée probablement à une alimentation par voie atmosphérique suite à une forte action éolienne.

L'analyse palynologique montre que cette phase a enregistré la dernière période glaciaire avec une végétation steppique (Gramineae Chénopodiacées et Artemisia) à plus de 90 % des plantes composant le paysage autour du lac (fig. 19)(Cheddadi et al, 2004). La faible activité des feux de cette période correspondrait donc au développement maximal de la végétation semi-désertique dans la région, elle serait alors contrôlée par la faible biomasse et le climat froid et aride. En effet la reconstitution des températures et des précipitations en se basant sur les données polliniques montre que la température hivernale au cours de cette période était de 10 à 12°C plus basse qu'actuellement (fig. 19). Les précipitations moyennes annuelles ne dépassaient pas 400 mm/an. Alors que la région reçoit actuellement 800 mm/an en moyenne. Cette période prend une ampleur générale et parait synchrone au Würm tardif et de l'aridité maximale du Sahara et du Sahel (Damnati, 1997; Damnati, 2009).

Vers le sommet de cette unité apparait un léger pic de concentration en microcharbons qui serait en relation avec la fin du Bölling-alleröd. Daniau et al., (2007) a suggéré que des pics de régime de feux (dans le sud-ouest de la péninsule Ibérique) apparaissent le plus souvent à la fin des interstadiaires en relation avec une augmentation de sécheresse suite aux perturbations atmosphériques dans la région au moment des basculements des interstadiaires vers les stadiaires (Reddad et al., 2013).

- ***L'unité intermédiaire 2 (comprise entre : 200 et 60 cm soit entre 13000 et 4500 ans B.P) :*** Cette unité couvre l'Holocène inférieur à moyen. Elle fait apparaitre deux phases distinctes (18):

- ***Entre 200 et 150 cm ; soit entre 13000 et 10800 ans B.P*** : cette phase correspond à une courte période de faible activité des feux et de haut niveau lacustre sous un climat clément et humide, matérialisé d'une part, par une baisse de la concentration des particules de Microcharbon, des carbonates et de la calcite ; d'autre part, par une augmentation de la susceptibilité magnétique et des éléments détritiques (quartz, dolomite, Sc, Ti, Cu et Pb). L'élévation de la susceptibilité magnétique et les éléments détritiques indique une richesse des apports terrigènes associés à une augmentation des précipitations dans la région au cours de cette période (Cheddadi et *al*, 2004). Le sommet de cette sous unité montre un maximum de développement de la végétation semi-désertique composée essentiellement d'Artemisia synchrones de l'épisode froid du Dryas récent (11000 et 10000 ans BP).

- **Entre 150 et 60 cm ; soit entre 10800 et 4500 ans B.P :** Elle se caractérise par une forte augmentation de la concentration des particules de microcharbon. Un pic est observé à 107 cm (8200 ans BP). elle est marquée par une forte activité des feux au cours d'une période sèche et très chaude. Ces conditions semblent aussi favorables à une précipitation importante des carbonates autochtones et la réduction des apports détritiques comme le montre l'augmentation des carbonates de la calcite et de la calcite-Mg et la diminution de la susceptibilité magnétique et des éléments détritiques (quartz, dolomite, Sc, Ti, Cu et Pb). Un tel modèle indique que l'évaporation a atteint son maximum (précipitation de la calcite et Mg-calcite) et que les précipitations sont relativement très faibles (de faibles concentrations d'apports lithogèniques), suggérant ainsi un niveau bas du lac sous un climat sec et chaud. Les données polliniques révèlent également un recul de la cédraie associée à l'expansion de la forêt tempérée (Quercus caducifolié) et la forêt méditerranéenne (Quercus ilex). La reconstitution des températures hivernales et estivales à la base des pollens montre que le climat était plus chaud de 2 à 3°C environ par rapport à l'actuel (fig. 19)(Cheddadi et al, 2004). Au cours de cette phase, la forte activité des feux semble contrôler par la présence de combustible suffisamment abondant (une couverture végétale pyrophile très développée) et l'avènement de plusieurs périodes de sécheresse prolongées (Reddad et al., 2013).

- <u>**L'unité supérieure (entre 60 cm et le sommet de la carotte soit entre 4500 et 1700 ans B.P) :**</u>

L'Holocène supérieur marque le retour des conditions climatiques humides manifestées essentiellement par une baisse modérée de la concentration des particules microcharbons, associée à une augmentation de quartz, de la dolomite, des éléments traces, de la granulométrie et de la susceptibilité magnétique. Dans l'opposition, la calcite, Mg-calcite et les teneurs en carbonates montrent une diminution relative. L'augmentation importante des apports détritiques conjointement avec la susceptibilité magnétique sont liées, d'une part, à l'importance des processus de pédogenèse au niveau du sol suite au développement du couvert végétal, cette période semble très favorable à re-émancipation de la cédraie et la chênaie dans le bassin versant voir même dans tout le Moyen Atlas (Lamb et al., 1999) ; d'autres part à l'accélération du lessivage et de l'érosion du sol sous conditions climatiques humides. Cet effet semble fortement nuancé par l'influence anthropique principalement au cours des derniers 1700 ans. Ceci est matérialisé par une exploitation de plus en plus prépondérante des ressources naturelles (défrichement du couvert végétal naturel, occupation du sol et accélération de l'eutrophisation des milieux aquatiques). Cette anthropisation a été déjà signalé également dans tout le pourtour méditerranéen pendant la même période (Lamb et al, 1999, Cheddadi et al, 2004 ; Rhoujjati, 2007). Les pics de Pb et Cu vers la surface peuvent être expliqué par la récente contamination humaine (Damnati et al., 2012).

c. Les changements environnementaux et l'action anthropique au cours du 20ème siècle au lac Ifrah, Iffer et Afourgagh :

c.1. Au lac Ifrah :

Les deux carottes des sédiments récents du lac Ifrah montrent trois phases de l'évolution de la sédimentation et de l'environnement (Damnati et al., 2012)(fig. 20):

* La première phase (entre 1900 et 1920): caractérisée par une sédimentation fine riche en matière organique. L'augmentation des sédiments détritiques, traduit par l'élévation de la susceptibilité magnétique, les éléments d'aluminosilicate et minéraux ferromagnésiens détritiques (quartz et d'argile), est liée à une forte érosion des sols dans le bassin versant. Vers la fin de cette phase, la baisse du niveau est montrée par la diminution de la matière organique. Cette instabilité du niveau du lac et donc du climat est également montrée par l'évolution des minéraux argileux. Cette tendance à l'aridité enregistrée au cours de cette période (début du 20ème siècle) semble être liée à une diminution relative de la pluviométrie. Ces résultats semble être synchrones avec les données paléolimnologiques recueillies dans le sud de l'Espagne, qui confirment une augmentation de l'aridité en raison de la diminution des précipitations vers la fin du 19ème et au début du 20ème siècle (Damnati et al., 2012).

* La deuxième phase (entre 1920 et 1965): marquée par un changement important dans le mode de sédimentation. Ce changement est montré par l'augmentation de la productivité organo-carbonaté et la diminution de la fraction détritique. Le lac était probablement haut en liaison avec une augmentation des précipitations et également la progression de l'état trophique liée à l'action anthropique. L'augmentation des carbonates au centre du lac reflète l'accélération de l'eutrophisation du lac et aussi à l'augmentation de la température moyenne pendant les saisons chaudes (printemps et été) favorables à la précipitation de carbonates. La diminution des aluminosilicates détritiques et ferromagnésiens marque l'érosion du sol du bassin versant.

* La troisième phase (entre environ 1965 et 2000): La diminution du niveau du lac est très importante. Elle est matérialisée principalement par la diminution de la matière organique et l'augmentation de la fraction grossière. Ce déficit en eau provient d'une succession de phases de sécheresses au cours des trois dernières décennies du 20e siècle et les impacts humains de plus en plus prédominants. Depuis les années 80, trois grandes sécheresses ont succédé, d'abord de 1980 à 1985, la seconde de 1991 à 1995 et la troisième entre 1997 et 2000. Cette période montrent également une très forte variabilité annuelle et décennale des précipitations indiquées par une baisse significative d'environ 30% des précipitations accumulées au cours de la période 1978-1994 par rapport à la période 1961-1977. L'année 1994/95 a été la plus sèche du siècle, alors que année 1995/96 est la plus arrosée. Avec l'augmentation de la population, les activités humaines sur le lac et son bassin versant ont considérablement augmenté au cours de cette période. Le défrichement des forêts et le développement des techniques agricoles par l'introduction des machines ont beaucoup contribué à la fragilité et à la dégradation des sols. L'élévation des aluminosilicates détritiques pendant cette période est en liaison avec une plus grande accélération de l'érosion des sols. Les faibles taux de sédimentation au cours de cette période semblent être liés à la prépondérance de l'érosion éolienne suite à la réduction du ruissellement de surface.

La reprise de la sécheresse en 1998 conjuguée à une forte pression anthropique une fois de plus entraîné la régression du niveau du lac. L'exploration du site en 2000 a révélé un niveau d'eau très bas de 0,5 m de profondeur seulement. La succession de sécheresses au cours des trois dernières décennies du 20ème siècle semble avoir un impact sur les ressources en eau du Moyen Atlas. Le niveau d'eau du lac Azigza au sud par exemple a diminué d'environ 3 m entre 1979 et 1981 et de 5 m entre 1981 et 1984. Le lac Iffer a chuté de 6 m depuis 1984. Le lac Afourgagh a diminué d'environ 12 m pendant la même période.

c.2. Au lac Iffer (fig. 21):

Au niveau du lac Iffer la période entre 1976 et 2000 coïncide avec la pression humaine permanente et des précipitations relativement importantes. Les années 70 sont caractérisées par des taux de sédimentation élevés alors que les années 80 sont marquées par des plus faibles. L'évolution des minéraux argileux montre une lente hydrolyse chimique. La réduction de la pression anthropique en raison de l'exode rural au cours de cette phase a été accompagnée par une sécheresse entre 1981 et 1984. Les conséquences de cette sécheresse ont été traduites par le début de la diminution du niveau du lac et une diminution de la matière organique et l'augmentation des carbonates autochtones. Les années 90 ont été marquées par une forte variation des éléments détritiques. Cette décennie a vu une grande instabilité climatique marquée par une sécheresse prolongée. L'année 1994/1995 a été la plus sèche du 20ème siècle, interrompu par de très fortes pluies au cours de l'année 1995/1996. Sédimentation dans le lac est épisodique et directement liée à la variabilité climatique interannuelle. Parallèlement, la population a augmenté de 21%

entre 1982 et 1994 dans la province d'Ifrane région. Les effets simultanés de la sécheresse et de l'action anthropique ont contribué à la baisse des niveaux d'eau et l'augmentation de l'eutrophisation du ce lac.

c.3. Au lac Afourgagh

Les mêmes variations ont été observées au niveau de ce lac depuis les années 60-70 (fig. 22). Par contre la sédimentation actuelle est surtout liée à l'action du vent qui redistribue les éléments détritiques provenant des sols et des terrasses entourant le lac (Damnati et al., 2012).

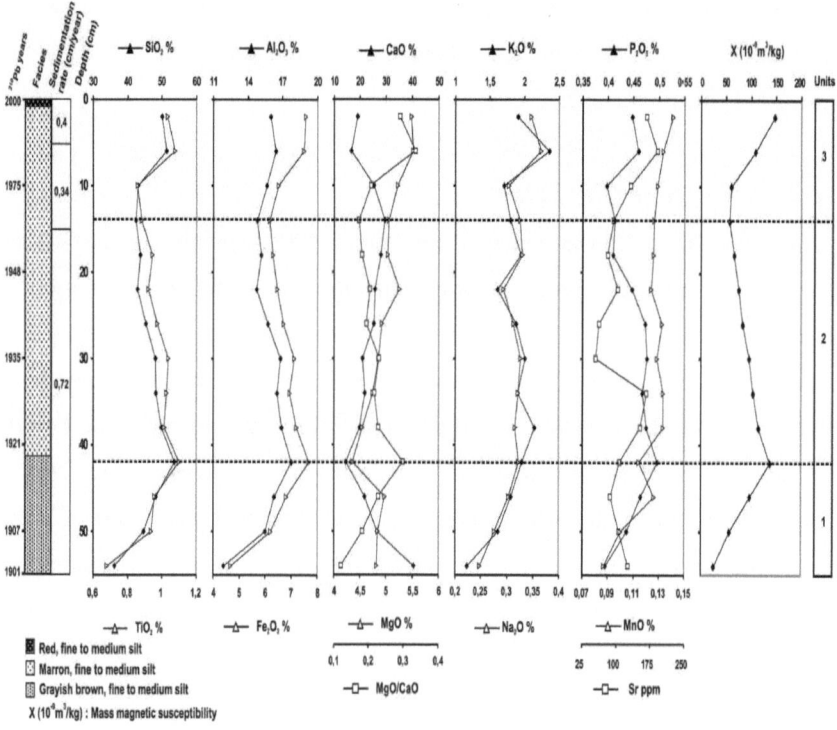

Figure 20: Exemple de la variation de quelques éléments chimiques et de la suscéptibilité magnétique en fonction de la profondeur des sédiments récents prélevés en bordure du lac Ifrah (Damnati et al., 2012).

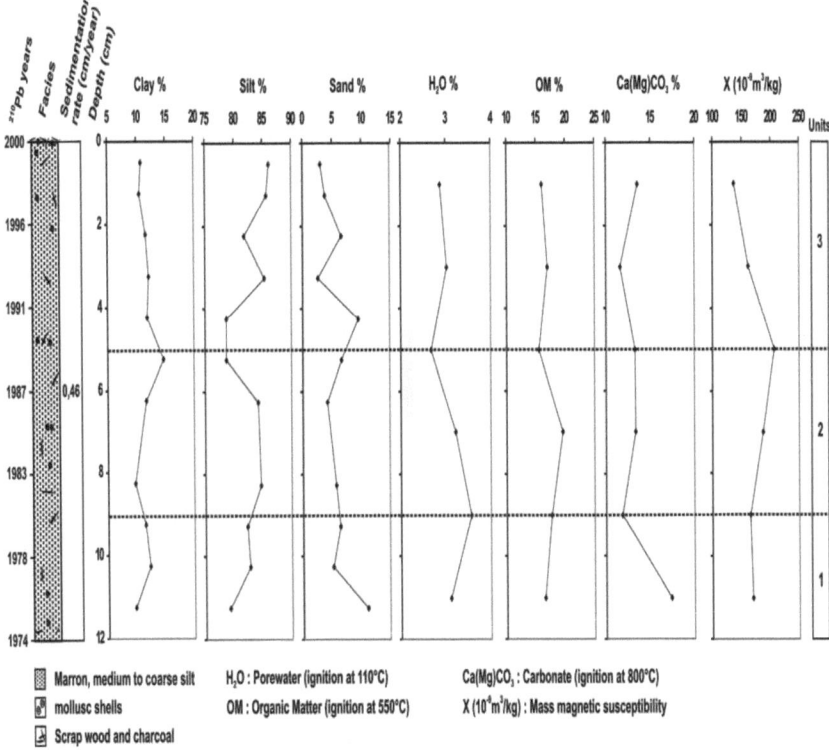

Figure 21: Exemple de la variation de la granulométrie (argiles, sils et sables), de la matière organique (OM) et de la suscéptibilité magnétique en fonction de la profondeur des sédiments récents prélevés en bordure du lac Iffer (Damnati et al., 2012).

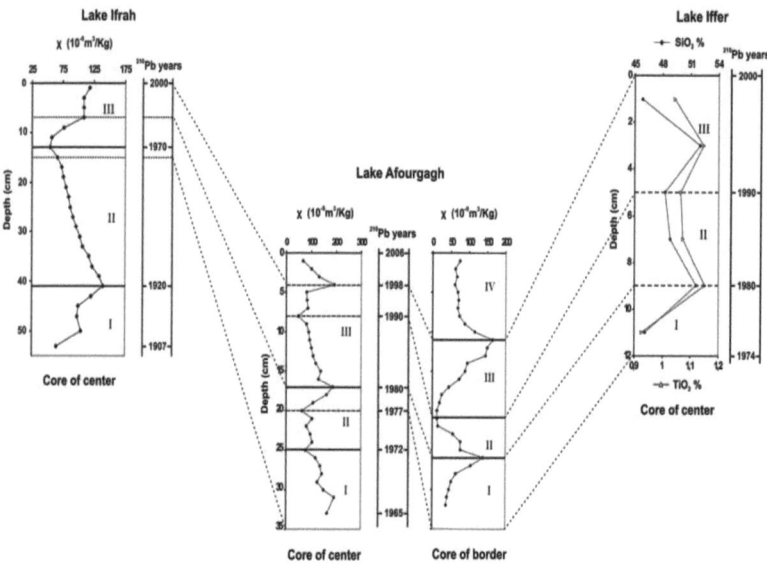

Figure 22: Corrélation entre les différentes carottes prélevées dans les trois lac Ifrah, Iffer et Affourgah (corrélation basée sur l'évolution de la suscéptibilité magnétique et de quelques éléments chimiques. La chronologie ^{210}Pb a été utilisée ; Damnati et al., 2012).

Conclusion :

Les résultats ci-dessus confirment que les variations climatiques depuis le dernier maximum glaciaire au Maroc sont globalement synchrones avec les périodes climatiques enregistrés au niveau des sédiments océaniques de l'hémisphère Nord et au niveau des sites continentaux situés en Afrique du Nord. Il faut signaler ici que la majorité des résultats obtenus ci-dessus peuvent s'intégrer facilement dans une vision climatique globale, mais les reconstitutions des variations climatiques en Afrique du Nord en général est particulièrement au Maghreb reste difficile à faire à cause de beaucoup de lacunes et de discontinuités (en particulier pour le Pléistocène supérieur). Ceci est lié à la très grande sensibilité des systèmes lacustres aux variations climatiques, à l'importance des facteurs non climatiques régionaux et à la chronologie au carbone 14.

Chapitre 6

Le climat du Maroc au cours du XVIIIème et XIXème siècle en se basant sur les documents historiques

Introduction :

Les sources écrites de l'époque historique et les observations météorologiques quantitatives fournissent les clefs à partir desquelles les archives naturelles peuvent être déchiffrées. Elles sont aussi une source d'information inégalable, telles que l'ont démontré Lamb (1972, 1977) et Le Roy Ladurie (1983). Certains manuscrits en Europe (Pfister, 1988 ; Neumann et Flohn, 1988) et en Amérique (Ludlum, 1966) et dans le monde arabe ; ayant trait aux échanges commerciaux, à la production agraire, aux vendanges ou autres descriptions des glaciers permettent de décrire l'évolution climatique des dernières siècles (Boix, 1949).

Une riche iconographie, ainsi que d'autres méthodes scientifiques, ont permis de reproduire les oscillations du glacier inférieur de Grindervald en Suisse dans l'Oberland bernois depuis 1600.

Avec Le Roy Ladurie (1983) par exemple, on parcourt encore le contexte climatique des grandes famines au XVIIème siècle, avec les vagues de dysenterie accompagnant les étés chauds et secs de 1635, 1706 et 1779; on apprend que les vendanges furent tardives au XVIIIème siècle, et on suit les causes météorologiques de la mauvaise moisson de 1788, mère de disette et d'émeutes en 1789 (Ludlum, 1989; Neumann et Dettwiller, 1990).

I. Le climat du Maroc à partir du XVème siècle:

Au xvème siècle la dynastie mérinides ne finit pas de s'éteindre et celle des wattassides ne parvient pas à s'imposer. Deux épidémies sont signalées en 1441-1442 et 1468-69. D'un point de vue climatique de 1415 (année de sécheresse coïncidant avec la prise de Sebta par le Portugal), jusqu'à 1521 il y a eu une seule sécheresse en 1468 précédent l'épidémie signalée ci-dessus. C'est le seule siècle qui ait connu une conjoncture climatique aussi favorable (Naciri, 1990).

II. Le climat du Maroc au XVIème siècle :

Il s'agit essentiellement de la crise déclenchée par la sécheresse de 1521/1523 qui a marquée l'histoire démographique du Maroc. En 1524 la sécheresse cesse mais elle a laissé la désolation, des arbres morts, des pâturages épuisés et des troupeaux faméliques. La situation aride persiste avec un maximum de sécheresse en 1545. La tendance ne s'inverse qu'en 1552.

La deuxième moitié du xvième siècle est humide. Les documents n'indiquent qu'une famine due à la sécheresse de 1604 à 1608 (Rosenberg et Triki, 19974).

III. Le climat du Maroc au XVIIème siècle :

Plus de 27 sécheresses ont été mise en évidence pendant ce siècle. La famine et le désordre vont approfondir la crise de l'état à cause d'une sécheresse exceptionnel de 1626 à 1631. C'est dans ces conditions qu'un nouveau pouvoir Chérifien se constitue après la sécheresse de 1660-1662 : la dynastie actuelle.

Les premières sécheresses sous le règne de cette dynastie frappent mais elles sont de courtes durées (1 à 2 ans). Deux sévères sécheresses vont affecter le pays : une de 3 ans de 1693 à 1695 et l'autre de 4 ans de 1714 à 1717 (Rosenberg et Triki, 19974; Naciri, 1990; Chbouki et al., 1995)(fig. 23).

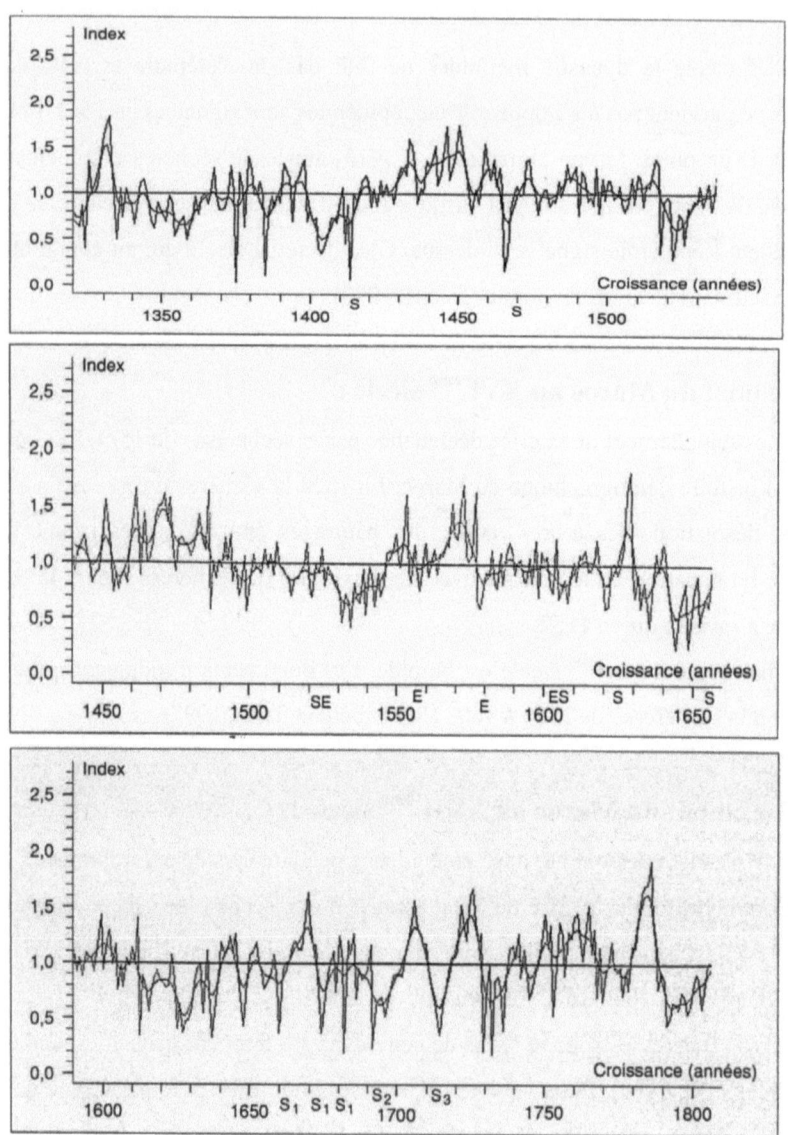

Figure 23: Dendrochronologie de la région de Toumfit et du Col de Zad au Maroc (S : Sécheresse ; E : Épidémie ; S1 : Sécheresse de 1 à 2 ans ; S2 : Sécheresse de 3 ans ; S3 : Sécheresse de 4 ans ; dans Naciri, 1990).

IV. Les données historiques et le climat du Maroc à partir du XVIIIème siècle:

Au début du 18ème siècle le Maroc jouissait d'une grande stabilité sous la monarchie de Moulay Ismail (1727-1672). Cette grande stabilité et le développement ont été hachés par des périodes de famines et d'augmentation des prix de la consommation des produits de base (blé, orge, huile...).

Première famine entre 1721 et 1724 en liaison avec la sécheresse qui a durée quatre années.

Pendant ce siècle, étant donné le bas niveau technique des habitants, la majorité des marocains de l'époque faisaient de l'agriculture, avec le développement des différentes manières d'irriguer la terre, et l'élevage. Ceci, demande donc une grande et forte population. Ceci expliquerait l'existence de grande famille avec plus d'une vingtaine voir plus d'une trentaine de personnes. Aucun autre métier ne dépassait l'agriculture. La politique social était basée sur « travailler la terre pour vivre ».

A l'époque le Maroc possédait une terre très fertile et il n'y avait pas assez de gents pour travailler ces terres.

L'agriculture est une agriculture bourre se basant surtout sur les variations climatiques. Ainsi, les pluies d'automne (Octobre-Novembre), entraînent le labour de la terre pour semer le blé, l'orge et les fèves. Les pluies du printemps (Mars-Avril) permettent la pousse de ce qu'à été semé.

Normalement la région nord du Maroc à cette époque était prospère de ce point de vue à cause des terres fertiles et aussi à cause du climat humide de la région.

A cet époque en effet, le développement et la prospérité du pays, le calme et la joie de vivre ; tous cela était en liaison directe avec les conditions climatique et surtout en liaison avec la quantité des pluies. Exceptionnellement, l'invasion des criquets a aussi une influence directe sur la famine (Al Bazzaz, 1992).

1) la famine du 1721 à 1724:

Juste avant la mort de Moulay Ismail, une famine qui a durée 4 années a entrainé l'augmentation des prix et la mort de beaucoup de personnes. Cette famine était en liaison avec le manque des pluies. L'année 1724 était la plus sèche.

L'année 1728-1729 était humide et c'est la guerre qui a entrainé ici l'augmentation des prix particulièrement à Fès.

2) La famine du 1737 à 1738 :

La sécheresse est la cause principale de cette famine en plus de la guerre. Des prières ont été organisées dans tous le pays « Al Isstiska ».

3) La peste entre 1742 et 1744 :

Cette peste a survenu juste après des vents violents du 12 septembre 1742. Ces vents ont entraîné le déracinement des arbres et la destruction des maisons. Après le vent, des pluies violentes sans interruption pendant 40 jours ont entrainés des inondations et la mort de beaucoup d'animaux et de personnes. Juste après, il ya eu apparition de la peste particulièrement dans la région de fés, Meknès, zarhoune avant de se propager dans tous le Maroc.

L'année 1750 était une année sèche. Cette sécheresse coïncide aussi avec la peste de la période 1747-1751.

Les famines ont entrainé des immigrations vers le centre et le sud mais particulièrement vers le nord Al kassr, Azila, Larache (Al Bazzaz, 1992).

4) La grande famine de 1776 et de 1779-1782 :

C'est la période de sidi Mohamed ben Abdallah devenu roi du Maroc à partir de 1757.

Début de la famine a commencé l'année 1776. Cette année n'était pas sèche mais au contraire très humide avec des inondations qui ont entraîné la mort de beaucoup de personnes et la destruction de beaucoup de maisons.

Retour à des conditions normal pendant la période 1777-1778, avec des pluies régulières et bien réparties pendant cette année.

A partir de 1779, retour de la sécheresse en plus de l'invasion des criquets ce qui entraîné une terrible famine qualifié de « la grande famine ». Cette sécheresse a continué en 1780 et 1781. A partir de Mars 1781, retour de la pluie au Nord du Maroc alors qu'il na pas pleut au Sud.

De 1782 à 1783 le retour des pluies a été observé.

Les conséquences de cette grande famine :

* Diminution de la population.

* Diminution des entrées de l'état (pas d'exportation du blé) ;

* début des troubles dans certaines régions (Draa, régions de Fès et Meknès, Tadla, Aït Ishak etc).

* Refus de payer les taxes (al jibaya) ;

* Augmentation des vols ce qui a entraîné la diminution de la circulation des biens et des personnes ;

* Diminution de la main mise du pouvoir sur la population ;

* La révolution de certaine tribu berbère contre sidi Mohamed ;

5) La famine de 1825-1826 (la peste 1798-1800)(prospérité de 1801-1816):

Sous le règne de Moulay Soulaymane (1792-1822), la Maroc a connu la prospérité entre 1801 et 1816. Cette dernière était en liaison avec les conditions climatiques favorables. Cependant, au début de l'année 1807, il y a eu un retard de la pluie.

D'une façon générale c'était une très bonne période agricole. Il ya eu une autosuffisance alimentaire et même exportation du blé vers la Suède, Tunisie et Libye.

L'année 1816-1817 est marquée par une sécheresse, mais on ne sait pas s'elle était générale ou partielle. La sécheresse a perduré pendant l'année 1818.

Sous le règne de Moulay Abderahman ben Hichame (1822-1859), le Maroc a connu une sécheresse de 1825 à 1826. Le Maroc a importé beaucoup de produit alimentaire de France, Angleterre, Sardaigne, Espagne et même de Tunisie et d'Egypte.

Les conséquences de cette famine étaient la prise en main de fer du pouvoir et la psychose.

Il y a eu plus de six périodes de sécheresse, avec une période minimum de 13 ans et une période maximum de 38 ans.

6) La famine de 1847-1851 :

L'année 1847 a été sèche ce qui a entrainé l'augmentation des prix des produits alimentaires particulièrement ceux du blé.

Les années 1848 et 1849 étaient relativement humide. Mais d'une façon générale les pluies n'étaient pas suffisantes. Par contre c'est l'année 1850 qui était très sèche. Le maximum de sècheresse a été signalé pendant le mois de Mars. Il fallait attendre le retour de l'humidité pendant l'année 1851.

Retour à des conditions arides au cours de l'année 1864 particulièrement au sud du Maroc. Il n'a pas plu ni en automne ni en hivers. Ceci a entrainé la mort de beaucoup de bêtes par manque d'herbe. Le Rharb a connu pendant cette année des inondations pendant le mois de Mars. Cette sécheresse a été accompagnée par une invasion par les criquets aidée par des vents venant du Sud. L'année 1867 n'était pas non plus humide, par conséquent les prix des produits alimentaires ont continués à augmenter.

En avril 1868, la pluie était abondante dans tout le pays. Ce qui a entrainé la baisse des prix. Même s'elle a tardé.

A partir de l'année 1869-1870, tous les archives indiquent un retour à des conditions de vie et de développement de plus en plus meilleurs. Les pluies étaient très bien réparties pendant cette période.

Il fallait attendre l'automne de 1877, où il n'avait pas plu de tout. Cette sécheresse a continué pendant l'hiver de 1878 dans tout le pays.

A partir de 1879 retour des conditions humides qui ont continué deux années de suite (1880). Cependant, au Nord et à l'Est du Maroc (Rif, Tanger…), cette dernière année était aride.

Cette aridité a continué pendant 1881 (exemple 49 mm entre Octobre 1880 et février 1881.

En 1882, la sécheresse a gagné tout le pays (270 mm à Tanger au lieu de 1000 mm). Retour des conditions humides au cours de l'année 1883. La pluie a continué a tombé pendant l'année suivante (Mars 1884). Pour mettre fin à environ 6 ans de déficit hydrique.

7) Période 1890-1894 :

Il n'a pas plu depuis l'hiver de 1890 jusqu'à Mars 1891. Ce dernier mois était caractérisé par des inondations (la pluie est tombée pendant 20 jours sans interruption). Ces inondations ont entrainé la mort de plusieurs personnes et bêtes particulièrement à Fès. L'année 1891 était sèche particulièrement au Sud.

Des inondations catastrophiques ont marqué décembre 1892. Ces inondations ont été accompagnées par des vents chauds venant du Sud, entraînant la fente des neiges et contribués aux inondations même au sud dans la région de Tafilalet (inondation de l'Oued Ziz).

8) La sècheresse de 1896-1898 :

Cette sècheresse a entrainé une famine terrible, plus terrible de celle de la période 1878-1883.

9) Conséquences de la famine au cours de cette période :

*Manger les animaux de compagnie (chats, chiens, cochons,…) même mort. Parfois même le cannibalisme.

* La fuite et immigration vers l'inconnu. La vente des enfants et des femmes.
* Se débarrasser de ces propres enfants dans les tombes même vivants.
* Changer de religion (particulièrement des juifs)
* La prostitution.
* L'augmentation de la criminalité et le vol.

V. Conclusions :

Les informations climatiques disponibles dans les pays d'Afrique du Nord sur la base de documents historiques sont très limitées. Au Maroc, des études récentes pour la période entre 1727 et 1900 montrent beaucoup d'informations liées au climat. Ces informations climatiques ont été obtenue à partir d'une grande variété de sources documentaires tels que des livres d'histoire ou les dossiers agricoles (famine, inondations ...).

Les résultats de ces études indiquent des fluctuations de la pluviométrie, sans changements brusques, dans l'alternance des phases sèches et humides: 1721-1724 sèche, 1728-1729 humide, 1737-1738 sèche, 1742-1744 sèche, 1750 sèche 1776 sèche, 1777-1778 humide, 1779-1782 sèche, 1782-1783 humide, 1801-1816 humide, 1816-1817-1818 sèche, 1825-1826 sèche.

Entre 1727 et 1826, il y avait plus de six périodes de sécheresse, avec un minimum de 13 ans et une durée maximale de 38 ans. De 1826 à 1900 plus de 9 périodes de sécheresse ont été observées. Si l'on compare ces résultats avec les résultats obtenus par la dendroclimatologie, il ya une concordance très intéressante.

Chapitre 7

Le climat du Maroc au XIXème et au XXème siècle en se basant sur la dendroclimatologie: cas du cèdre de l'atlas marocain (*Cedrus atlantica Manetti*)

I. Introduction

Le cèdre de l'Atlas (*Cedrus atlantica Manetti*) vit dans les zones montagneuses et se développe entre 1500 et 2500 m d'altitude. C'est un arbre d'allure beaucoup plus majestueuse et imposante que les autres espèces (LE Poutre & Pujos, 1964 ; M'Hirit, 1994a ; M'Hirit, 1994b). Il dépasse facilement 40 m de haut et 2 à 3 m de circonférence. Il se trouve sur plus de 116000 ha dans le Moyen Atlas et le Haut Atlas et sur 15000 ha dans le Rif. Son aire naturelle, en dehors du Maroc, occupe environ 50000 ha dans les montagnes d'Algérie. Il couvre un large éventail de climats variés s'étendant du subhumide, humide à l'étage montagnard méditerranéen. Son optimum bioclimatique, qui se situe au niveau de l'étage montagnard méditerranéen entre 1600 m et 2000 m d'altitude, correspond à un climat à hiver frais et à été sec (Achhal et al., 1980 ; Benabid, 2006). La sécheresse des dernières années et surtout une déforestation galopante ont considérablement réduit son aire de répartition.

Ce travail est une suite aux études déjà réalisées sur le cèdre de l'Atlas dans son air naturelle au Maroc (Pujos, 1966; Barbero et al., 1981; M'Hirit, 1982 ; Mokrim et Chbouki, 1993; Lamhamedi et Chbouki, 1994 ; Benabid & Fennane, 1994; Benabid, 1996; Ezahiri & Belghazi, 2000). Il s'agit d'une étude dendroclimatique qui a pour objectif la reconstitution du climat récent au Maroc, en se basant sur l'analyse des relations entre la croissance en diamètre du cerne et le climat. La dendroclimatologie est définit comme étant la science qui s'attache à connaître l'information climatique contenue dans les cernes annuels de certains végétaux ligneux (Guibal, 1984; Guibal, 1985). L'enregistrement simultané des accroissements radiaux et des paramètres climatiques permet de suivre pas à pas l'élaboration du cerne en relation avec les conditions climatiques locales. L'analyse de la relation cerne climat y abordée par le calcul des paramètres statistiques. Ce type d'approche statistique portant sur de longues séquences de cernes permet de préciser le comportement moyen de l'arbre vis-à-vis du climat.

II. Dendrochronologie et paléoenvironnement :

- Des analyses microchimiques de chaque cerne permettent de déterminer les concentrations de certains polluants dans l'environnement (plomb par exemple) pour les années et décennies antérieures.
- L'analyse dendroclimatique apporte également des indices sur la pluviométrie et la température qu'il faisait au moment où l'arbre produisait un cerne.
- La dendrochronologie des herbacées pourra aider à mieux comprendre rétrospectivement la dynamique des populations de communautés végétales et l'âge de certaines plantes qu'on ignorait jusqu'ici, notamment pour des espèces menacées ou au contraire invasives.
- La largeur des cernes est également un indicateur jugé fiable des conditions locales et temporelles de bonne ou mauvaise croissance de la végétation, les

plantes réagissant de manière plus marquée à la plupart des aléas que les arbres dont les racines plongent plus profondément dans le sol.

III. Les sites échantillonnés

Le Moyen Atlas, massif bien arrosé, est orienté du Sud-ouest au Nord-est s'étendant sur 350 kilomètres au centre du Maroc (Martin, 1981 ; Benabid, 1982). L'échantillonnage a été réalisé sur des peuplements de cèdre de l'Atlas de manière à couvrir le cèdre de l'Atlas dans son aire naturelle au Moyen atlas; sur différents types du substrat, des expositions variées, valeur de la pente divers, et la disponibilité des matériaux ligneux. Seules les cédraies saines et âgées à des altitudes variables ont été choisies. Les arbres situés dans des endroits particuliers (pente forte par exemple) n'ont pas été échantillonnés. Notre étude porte sur l'analyse de l'épaisseur des cernes selon les méthodes dendroclimatiques à savoir le calcul des paramètres statistiques visant à apporter plus d'informations nécessaires pour une meilleure compréhension du climat marocain et particulièrement celui de la région du moyen Atlas.

Les sites concernés ont permis d'identifier six peuplements de cèdre de l'Atlas. Il s'agit du bassin versant du lac Ifrah, Ras el Maa, Azrou, Afennourir, Ouiouan et Azegza. Les sites d'étude sont choisis dans les zones bioclimatiques subhumides et humides (figure 24 et tableau 5).

- Le Bassin versant du lac Ifrah dans la région d'Ifran (33° 30'N, 05° '00W). Il est situé au nord du moyen Atlas Central à une altitude d'environ 1700 m. Le substratum est essentiellement dolomitique. Cette région appartient à l'étage bioclimatique Sub-humide froid.
- Ras el Maa (33° 29'N, 05°10'W) est situé sur la route d'Ifran-Azrou à environ 1600 m d'altitude. Le substratum est dolomitique. Il est situé dans l'étage humide.
- Azrou (33° 25'N, 05°14W). Ce site se trouve dans la plaine d'Azrou à environ 1700m d'altitude sur des basaltes et des dolomies. Le climat est humide. Le cèdre de l'atlas est mélangé dans ce site au chêne vert.

- Afennourir (33° 20'N - 5° 14'W). Il se situe sur un plateau du Moyen Atlas tabulaire, à environ 1800m d'altitude dans le Moyen Atlas central.
- Ouiouan (33° 10' N 05° 20' W). Il s'agit d'un site situé dans le basin versant du lac Ouiouan à environ 1700m d'altitude. Le substratum est dolomitique. Le climat est Subhumide.
- Azegza (32°58' N 05° 26' W). Ce site est situé à une altitude de 1500 m. Les reliefs calcaires sont couverts d'une forêt à prédominance de cèdres et de chênes. Le bioclimat de la région est de type sub-humide.

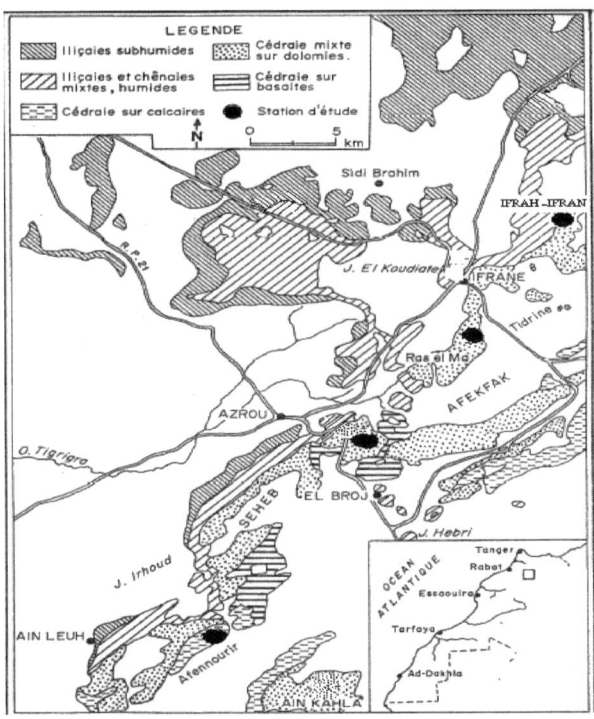

Figure 24 : localisation des stations d'étude et la végétation du Moyen-Atlas (Lecompte, 1986).

Tableau 5: Quelques caractéristiques des sites échantillonnés.

Sites	IFRAH	RAS EL MAA	AZROU	AFNNOURIR	OUIOUANE	AZEGZA
coordonnées	33°30'N 05°00'W	33°29'N 05°10'W	33°25'N 05°14W	33° 20'N 5°14'W	33°10'N 05°20'W	32°58'N 05°26'W
Altitude	1700 m	1650 m	1700m	1800m	1760m	1550 m
Topographie	versant	plateau	Plateau	plateau	versant	versant
Exposition	SW	-	-	-	SE	SW
Pente	2 à 15	-	-	-	1 à 18	5 à 27
Substrat	dolomie	dolomie	basalte et dolomie	basalte	dolomie	Calcaire

IV. Principe et méthodes d'étude des cernes des arbres

1) Principe :

Dans les régions où le climat impose à la végétation une période d'activité et une période de repos au cours d'une même année solaire, les arbres élaborent, chaque année, au cours de la période allant d'avril à septembre, au niveau de leurs tronc, branches, rameaux et racines, un cerne de croissance.

L'épaisseur d'un cerne résulte de l'action d'un ensemble de facteurs parmi lesquels entrent en jeu des facteurs abiotiques dont certaines demeurent constants pendant la vie de l'arbre (sol, altitude, exposition, topographie) tandis que d'autres varient au sein d'une même année à l'autre (climat), des facteurs biotiques variables au cours de la vie de l'arbre (âge, concurrence, interindividuelle et interspécifique, attaque de ravageurs, intervention humaines).

L'influence des facteurs climatiques se traduit par un cerne épais lors d'une année où les conditions météorologiques ont satisfait les exigences climatiques de l'espèce, mince dans le cas contraire. Si le facteur climatique prime sur les autres facteurs, les mêmes séquences de cernes minces et de cernes épais peuvent être observées sur les séries de tous les arbres d'une même espèce poussant sous un même climat.

L'approche dendroclimatologique utilisera les méthodes de la dendrochronologie qui permettent de dater précisément la formation de chaque cerne d'accroissement du tronc.

2) Méthodologie :

La méthode d'échantillonnage non destructive est définie sur la base des facteurs écologiques (altitude, exposition, valeurs de la pente et la nature lithologique du substrat). Dix à vingt prélèvements par site ont été échantillonnés dans des peuplements homogènes. Les cèdres sains et âgés ont été choisis pour obtenir des longues chronologies (Till, 1985). Soixante dix arbres par cédraie ont été sélectionnés pour étudier la relation de la croissance radiale et le climat. Le carottage a été fait à l'aide d'une tarière Pressler à 1,50m du sol perpendiculairement à l'axe des troncs d'arbre pour détecter les anomalies intra et interindividuelles. Les compagnes d'échantillonnage se sont déroulées au cours des années 2007 et 2008.

La simplicité de structure du cerne du cèdre et les variations d'épaisseurs successives ont facilité l'interdatation (Guibal, 1984). Cent quarante carottes interdatées selon les méthodes connues de la dendrochronologie ont été étudiées. L'épaisseur des cernes a été mesurée en utilisant le logiciel Winddendro et la table à mesurer les cernes LINTAB équipée d'un microscope stéréoscopique.

Photo 1 : Echantillonnage d'un tronc d'arbre.

3) Fiabilité :

- En fait tous les genres végétaux ne répondent pas de la même façon aux stimuli météorologiques : certains sont plus sensibles que d'autres soit à l'ensoleillement, soit à la sécheresse, soit aux froids tardifs, etc ....
- L'arbre ne réagit pas toujours immédiatement aux stimuli climatiques : il accumule des informations « à retardement » dont les conséquences peuvent se combiner avant qu'une réaction visible ne se produise. Ce qui fait qu'un cerne donné n'est pas seulement l'indicateur des conditions météo moyennes de l'année mais il est aussi conditionné par les facteurs résiduels subis les années précédentes.
- Pour les bois anciens, on ignore souvent les lieux de provenance des arbres.
- Le principe fondamental qui suppose que l'environnement écologique de l'arbre est stable est une approximation plus ou moins grossière de la réalité.
- La réponse de chaque arbre accuse également une certaine imprécision individuelle due à des causes biologiques diverses : accidents, maladies, insectes, microaltérations, etc.

4) Etude statistique:

- Ceci engage les dendrochronologues à estimer statistiquement les ressemblances ou les dissemblances entre séquences chronologiques. Ces estimations se basent sur des calculs de probabilités.
- Plus le nombre d'échantillons dans un lot à dater est faible et plus le nombre de cernes par échantillon est bas, alors plus le risque d'erreur de datation est grand. Un bon lot à dater est un lot de bois supposés synchrones de l'ordre de 8 à 15 échantillons comptant en moyenne 100 à 120 cernes chacun.

V. Quelques résultats et discussion :

La datation des échantillons a permis de mettre en évidence que la longévité de l'essence peut atteindre 191 ans (tableau 6). Ce résultat a été obtenu après l'analyse des séries des cédraies localisées dans la forêt du site Ouiouan. L'interdatation des échantillons a permis de noter la présence des cernes particulièrement minces, représentant des années témoignant de l'influence de facteur climatique annuel sur la croissance du diamètre des cèdres. Le tableau (6) montre les années caractéristiques et dévoile que la majorité des chronologies totales obtenues couvrent la période entre 1854 et 2007.

Tableau 6: Chronologies, années caractéristiques et âges des échantillons d'arbres prélevés dans les six sites d'étude au Moyen Atlas (Damnati et al., 2014).

Sites	Chronologie	Années caractéristiques	Age (ans)
Ifrah	1854-2007	2000- 1996-1975-1967-1946- 1922	153
Rass el maa	1854-2008	2006-1996-1982-1975-1963-1958-1946-1935-1906	154
Azrou	1878-2008	2001-1996-1967-1946	130
Afennourir	1897-2008	2001-1996-1984-1967-1951-1946-1935-1927	111
Azegza	1823-2008	2001-1996-1967-1956-1946-1935-1925-1912-1895	185
Ouiouan	1817-2008	1996-1967-1946-1935-1906-1883-1879-1875	191

Les courbes de variation des épaisseurs des cernes en fonction du temps des six populations étudiées sont montrées dans la figure 25. Toutes les courbes de variations montrent une diminution brutale de l'épaisseur des cernes caractérisant les années 1935, 1946, 1967, 1996, et 2001. Le synchronisme de certains cernes minces dans les courbes des séries chronologiques pour chaque station témoigne que tous les sites ont été soumis à l'influence de circonstances climatiques et/ou environnementales particulières.

La courbe d'Afennourir présente des variations annuelles de plus forte amplitude et des cernes épais. Alors que les populations d'Ifrah, Ras el Maa et d'Azrou présentent les variations annuelles assez importantes que la population d'Afennounir et des cernes à épaisseurs intermédiaires. Par contre, la courbe d'Ouiouan présente les variations annuelles de faible amplitude et des cernes de faibles épaisseurs.

Toutes les courbes affichent une tendance nette à la diminution de l'épaisseur des cernes en fonction du temps (fig. 25).

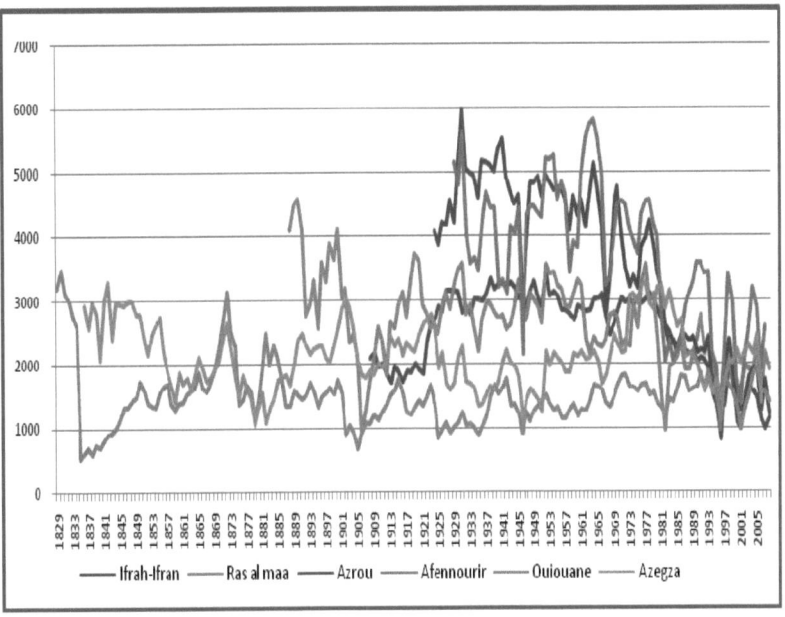

Figure 25: Courbes représentatives des fluctuations annuelles de l'épaisseur brute (1/1000 mm) des cernes au cours du temps (Damnati et al., 2014).

Le coefficient de sensibilité moyen qui exprime la différence relative moyenne de l'épaisseur des cernes successifs est une estimation de la sensibilité de l'arbre ou de l'ensemble des arbres considérés au climat. Il exprime l'importance des changements à court terme affectant l'épaisseur des cernes. Il quantifie la sensibilité des arbres au signal climatique tel qu'il résulte de l'interaction des facteurs environnementaux. Ce coefficient a été calculé pour chaque station d'étude. L'analyse de coefficient de sensibilité moyen calculé sur des périodes approximativement proche a montré que les six populations appartiennent à une classe avec une sensibilité moyenne égale ou inférieure à 0,165. Ce coefficient est de 0,16 à Afennourir, 0,139 à Ras el Maa, 0,118 à Azrou, 0,118 à Ouiouan, 0,090 à Azegza et de 0,058 à Ifrah. Ces Coefficients obtenus restent relativement très faibles.

Les analyses de la variation des caractéristiques dendrochronologiques en fonction de la topographie et le substrat montrent que les cédraies situées à basses altitudes et spécialement sur le calcaire sont les plus sensibles aux fluctuations climatiques. Les analyses spatiales montrent aussi que la synchronisation est meilleure entre les populations qui appartiennent à peu près à la même région témoignent vraisemblablement de l'influence du facteur climatique annuel sur la croissance des cernes du cèdre de l'Atlas. Le synchronisme de certains cernes minces dans les courbes des séries chronologiques pour chaque station témoigne que tous les sites ont été soumis à l'influence des conditions climatiques probablement arides. Les analyses du coefficient de sensibilité moyen montrent que certains sites ont une réponse modérée mais très homogène des individus aux facteurs climatiques. Pour d'autres sites cette sensibilité peut signifier une réponse climatique plus forte mais adapté par l'intervention des facteurs climatiques locaux.

Conclusion :

L'objectif de cette étude est la reconstitution du climat au Maroc en se basant sur la dendrochronologie. Les résultats préliminaires montrent quelques corrélations entre les épaisseurs des cernes et le climat. Le synchronisme de quelques cernes minces dans les différents sites est probablement en relation avec des périodes arides. Cependant l'influence de quelques conditions locales reste très présente. Des prélèvements dans plusieurs autres sites en 2010 et 2011 vont surement apportés quelques éléments de réponses sur l'évolution du climat au Maroc au cours des deux derniers siècles. De plus d'autres études statistiques en cours vont apporter également plus d'informations nécessaires pour une meilleure compréhension du climat marocain et particulièrement celui de la région du moyen Atlas.

Partie 4

Les futurs changements climatiques ?

Les changements climatiques au Maroc.

Chapitre 8 :

Les futurs changements climatiques?

Introduction :

D'une année à une autre, les records météorologiques continuent de tomber. Jusqu'à présent, le record de l'année la plus chaude, depuis un siècle et demi qu'existent des relevés de température, était détenu par 1998. Selon la Nasa, 2005 l'a détrônée, avec près de 0,6 °C de réchauffement global par rapport à la période 1950-1980, où la température moyenne était de 14°C. Juste après, on retrouve 2002, puis 2003, 2004…. Il n'y a pas de doute le climat se réchauffe. Tous les scientifiques le confirment mais ne sont pas d'accord sur l'ampleur du réchauffement.

1. C'est quoi l'effet de serre ?

Depuis plus d'un siècle, la trace des activités humaines devient clairement visible. Elle prend des formes multiples: l'agriculture a privé l'Europe d'une grande partie de ses forêts dès le Moyen Âge, déforestation qui se poursuit aujourd'hui de manière intensive dans les régions tropicales, avec des implications directes sur le climat de ces régions. L'irrigation modifie aussi les paysages naturels, avec quelquefois des conséquences considérables, comme le dépérissement de la mer d'Aral.

Cependant, parmi ces impacts, l'évolution de la composition chimique de l'atmosphère, caractérisée par l'augmentation de la teneur en gaz à « effet de serre", constitue une menace nouvelle par son ampleur: ce phénomène se manifeste d'emblée à l'échelle de la planète, et donc de l'humanité, mais aussi de manière cumulative, c'est-à-dire que son importance va s'accroître inéluctablement au cours des prochaines décennies. Il est donc surtout porteur de menaces pour l'avenir - même si ses premiers effets sont dès aujourd'hui décelables. D'ores et déjà, la machine climatique de la planète se trouve durablement altérée.

Le premier mécanisme de régulation du climat est certainement l'échange d'énergie entre la Terre et l'espace, car toute l'énergie que nous recevons vient du Soleil.

L'exemple d'une voiture laissée au soleil dont la température intérieure devient plus élevé que la température extérieure, est peut-être très démonstratif. En effet, le rôle de l'effet de serre mérite d'être soulignée ici car sans ce frein qui empêche la surface de la Terre de se refroidir trop facilement, la température de la planète serait en moyenne de -18°C, alors qu'elle est actuellement de 15 °C environ. L'effet de serre naturel est donc bénéfique.

Un autre exemple plus parlant c'est celui d'une serre de jardinier. En effet, le soleil envoie 42,4 % de rayonnement visible; 9,2 % de rayonnement plus énergique ultraviolet (UV) ; 48,4 % de rayonnement de plus faible énergie ou infrarouge (IR), qu'on appelle parfois calorifique, parce qu'on ne le voit pas mais que l'on en ressent la chaleur. La plupart des molécules d'azote et d'oxygène, qui constituent l'essentiel de l'atmosphère dépourvue de nuages, n'absorbent pas les rayons issus du Soleil, qui parviennent donc sans encombre jusqu'au sol (fig. 26). Une exception, toutefois, pour les rayons UV qui sont arrêtés vers 20 à 25 km d'altitude par la couche d'ozone et qui chauffent la stratosphère.

Parvenus au sol, les rayons visibles et infrarouges (et très peu d'ultraviolet) le réchauffent. Comme tout corps chauffé, la Terre émet alors un rayonnement, mais uniquement IR (fig. 26).

2. Les principaux gaz à effet de serre (GES)

Les principaux gaz à effet de serre, très peu abondants mais extrêmement absorbants, sont, dans un ordre d'efficacité décroissant, la vapeur d'eau H_2O, le gaz carbonique CO_2, le méthane CH_4 et l'oxyde nitreux N_2O. D'autres gaz, en concentrations infimes, ont des pouvoirs absorbants considérables. Parmi ceux-là, on trouve l'ozone (O_3) qui est responsable de pollution urbaine dans la troposphère, et d'autres raretés comme les CFC (chlorofluorocarbones, responsables de la diminution de l'ozone stratosphérique).

La plupart des autres gaz à effet de serre dont les quantités sont susceptibles d'augmenter sous l'effet des activités humaines ont, au contraire de la vapeur d'eau, une durée de vie très longue dans l'atmosphère. Presque toujours non toxiques, ils se distinguent clairement des émissions polluantes qui affectent la qualité de l'air dans les villes. Mais leur faible agressivité chimique les rend difficilement destructibles par des réactions naturelles, ce qui explique qu'ils puissent s'accumuler durablement dans l'atmosphère.

La majorité de ces gaz à effet de serre se produisent naturellement. Cependant, la modernisation de l'industrie et du mode de vie a créé de nouvelles sources de GES, et des gaz totalement nouveaux ont été émis dans l'atmosphère.

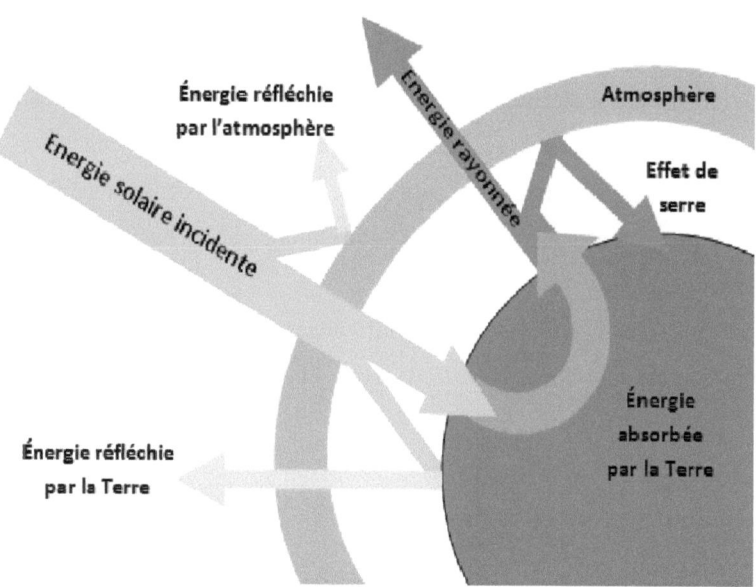

Figure 26: Représentation schématique simplifiée de l'effet de serre (explication voir texte, Raymond.rodriguez1.free.fr/Documents/Terre-ext/energie_terre.gif).

a. Vapeur d'eau :

La vapeur d'eau, de loin le plus abondant des gaz et a un spectre d'absorption très étendu. Elle absorbe l'essentiel des rayonnements. Elle est produite naturellement par la respiration, la transpiration et l'évaporation. La quantité de vapeur d'eau présente dans l'atmosphère augmente à mesure que la température de la surface de la Terre augmente.

b. Dioxyde de carbone (CO_2) :

Le carbone est, avec l'eau est l'un des éléments essentiels à la vie. Il est intégré dans divers molécules qui sont dans l'atmosphère, le gaz carbonique ou dioxyde de carbone et, à moindre degré, le monoxyde de carbone. Le CO_2 est produit par la décomposition de certaines matières, la respiration des plantes et des animaux, et la combustion de matériaux et de combustibles, qu'elle se fasse naturellement ou soit provoquée par l'Homme. Le CO_2 disparaît de l'atmosphère par photosynthèse ou est absorbé par les océans.

c. Méthane (CH_4) :

Le méthane est un gaz à effet de serre qui retient plus efficacement la chaleur. Il est surtout produit par la décomposition anaérobique de certaines matières. Les sources principales de méthane sont les terres humides (marécages), les rizières, la combustion de biomasse, la fermentation entérique des animaux, les termites, la végétation, les océans et les cours d'eau, les mines de charbons….

d. Oxyde nitreux (N_2O) :

Parmi les oxydes d'azote, l'oxyde nitreux est un gaz à effet de serre assez stable. Il est produit par les sols et les océans. Le méthane et l'oxyde nitreux ont des bandes d'absorption dans l'infrarouge qui se recouvrent. En plus des sols et des océans, ces principales sources sont la combustion fossile et les fertilisants.

e. Les chlorofluorocarbones (CFC):

La production de chlorofluorocarbones a augmenté rapidement dans les années 50 et 80. Les CFC ont une double action : une action sur l'ozone stratosphérique et une autre sur l'absorption du rayonnement infrarouge. Ils ont en majorité une origine artificielle. Habituellement, on les rassemble avec halocarbures : composés chimiques appartenant à la famille des halènes (brome, chlore et fluor) et du carbone.

f. Ozone (O_3) :

Bien que représentant que 10 % de l'ozone total, c'est l'ozone de la troposphère qui à cause de la pression atmosphérique joue un rôle important dans l'effet de serre. L'ozone est naturellement présent dans la basse atmosphère en quantités limitées. Il peut également être produit dans la basse atmosphère par une réaction entre plusieurs polluants d'origine humaine et la lumière solaire.

3. L'Homme est-il responsable de l'effet de serre?

Les multiples scénarios décrivant l'évolution possible des activités humaines au cours des prochaines décennies permettent d'estimer les composantes du système climatique. Ainsi, si nous ne changeons pas la politique de notre développement, la température moyenne de l'atmosphère en surface augmentera sensiblement. Ceci va entraîner la modification profonde de notre environnement. Un monde en explosion démographique, une technologie axée sur la rentabilité. La nature au service de l'homme plutôt qu'une politique saine conduisant l'homme à s'intégrer dans son milieu naturel.

A l'heure actuelle, du fait de l'accumulation de 30 années de mesures précises et de calculs théoriques, les faits sont clairs et font de plus en plus l'unanimité des scientifiques. Oui, les activités humaines entraînent :

- une augmentation de la température moyenne du globe depuis l'ère industrielle;

- un effet de serre additionnel.

L'estimation du facteur humain sur le réchauffement observé reste difficile à chiffrer du fait de la complexité du système climatique où sont impliqués de nombreux processus qui interagissent entre eux.

4. Albedo des nuages (cf chapitre 1)

Augmenter l'évaporation n'accroît donc pas nécessairement l'humidité de l'air dans le même rapport. Toutefois, un gain limité de vapeur d'eau dans l'air pourrait vraisemblablement accompagner un début de réchauffement climatique et être une puissante rétroaction positive. À l'inverse, les nuages, selon leurs caractéristiques, peuvent soit renvoyer d'avantage de rayonnement solaire (rétroaction négative des stratus), soit mieux absorber le rayonnement IR du sol (rétroaction positive des cirrus).

Contrairement à la vapeur d'eau, les autres gaz présents dans l'atmosphère à l'état de traces n'ont pas leurs concentrations limitées par des phénomènes comparables à la condensation. Leurs teneurs pourraient donc croître dans de grandes proportions dès lors que l'intensité de leurs sources augmenterait, ou bien que leur vitesse de disparition de l'atmosphère diminuerait. En effet, la question qui se pose alors consiste à savoir si les activités humaines sont susceptibles de modifier l'un ou l'autre de ces paramètres. Seule une étude approfondie des caractéristiques de chacun de ces gaz permet de répondre à cette question.

5. Evolution récente du gaz carbonique, du méthane et de l'oxyde nitreux :

5.1. Evolution du gaz carbonique :

Les mesures systématiques du taux de CO_2 dans l'atmosphère ont débuté en 1958 lorsque l'Américain C. Keeling a installé une station au sommet du mont

Mauna Loa (Hawaii), à 3000 m d'altitude. Depuis le nombre de station a augmenté, ce qui a permis d'avoir une bonne connaissance des variations actuelles avec le temps de ce gaz.

Le niveau actuel du CO_2 (fig. 27), 354 ppmv est supérieur de 25 % à sa valeur pré-industrielle ; ce niveau n'a jamais été atteint au cours des 160 000 dernières années.

Quelques soit l'efficacité de l'absorption de ce gaz par les océans et la biomasse terrestre, les concentrations futurs dépendent en premier lieu de l'évolution des émissions anthropogéniques, donc de la consommation de l'énergie et de la déforestation. Différents scénarios d'émissions d'anthropogéniques de CO_2 ont été envisagés. Leur caractéristique commune est qu'une diminution de l'utilisation des fuels fossiles ne se ferait sentir qu'après plusieurs dizaines d'années.

Dans le cas d'un doublement du CO_2, les modèles de circulation générale prévoit une augmentation de la température globale entre 1,5 et 4,5°C. Pour illustrer les changements climatiques régionaux liés à l'intensification de l'effet de serre, l'IPCC a sélectionné quelques régions et ceux pour l'horizon 2030. Pour la région centre de l'Amérique du Nord, le réchauffement atteint 2 à 4° C et les précipitations augmenteront de 0 à 15 %. Pour la région méridionale le réchauffement varie entre 1 et 2 °C et les précipitations augmenteront généralement de 5 à 15 %. Dans le Sahel, le réchauffement s'y situe entre 1 et 3°C et les précipitations augmentent mais l'humidité des sols diminue. En Europe méridionale le réchauffement est d'environ de 2°C. En Australie, le réchauffement est de 1 à 2 °C et les précipitations augmenteront d'environ 10 %.

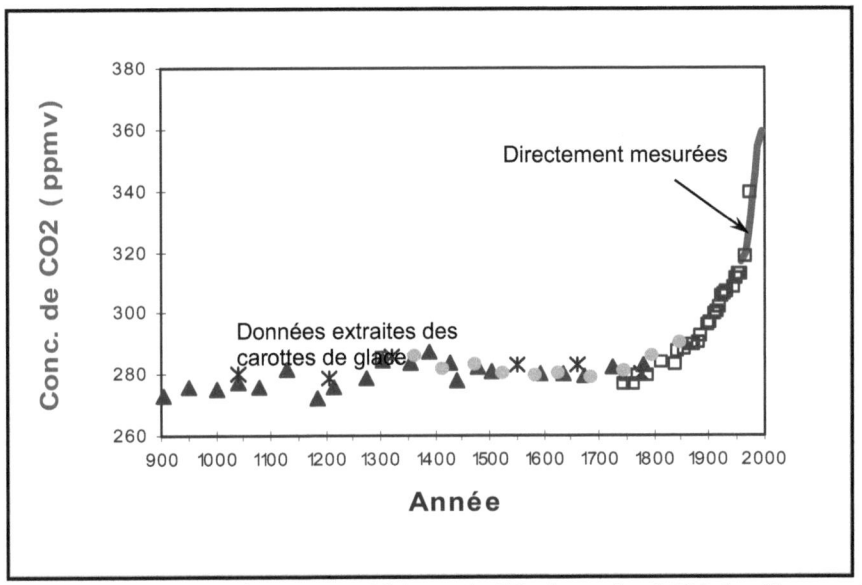

Figure 27: Concentrations atmosphériques de CO_2 durant les 1 000 dernières années (Rapport du GIEC, 2001).

5.2. Les puits de gaz carbonique :

Il faut signaler ici qu'il existe des pompes « puits » de gaz carbonique. L'océan constitue le principal puit du gaz carbonique injecté en excès dans l'atmosphère. On estime à environ 93 Gt par an la quantité de carbone qu'il absorbe, principalement dans les régions de haute latitude, tandis que la quantité qu'il dégage principalement dans la zone équatoriale où se produit une résurgence (upwelling) d'eau profonde, conserverait la valeur initiale de 90 Gt par an.

Le « monde végétal » d'un autre côté ne peut pas être considéré comme un grand accumulateur de carbone, puisque la quantité de gaz carbonique de l'air absorbée par les plantes est presque la même compensée par la respiration (Duplessy et Morel,

1990).

5.3. Evolution du méthane et de l'oxyde nitreux :

En ce début de XXIème siècle le méthane a atteint 1,8 ppm. L'augmentation du méthane dans l'air s'effectue au rythme de + 1% par an. Ce taux de croissance est à peu près le triple de celui de CO_2.

En ce qui concerne l'oxyde nitreux sa concentration atmosphérique est passée de 285 ppbv vers 1700 à 310 ppbv en 1990. Cette progression représente un réservoir de 1500 Mt d'azote, et correspond à un taux de croissance actuel de 3 à 4,5 Mt par an.

6. Est-ce que le climat actuel change ?

Le XXème siècle a été chaud (fig. 28). Le XXIème le sera plus. Les scientifiques en sont sûrs. Aucun modèle de simulation du climat ne pronostique un abaissement ou même une stabilité de la température moyenne.

Un grand nombre des variables du système climatique est mesuré et constitue donc le «relevé instrumental» des changements climatiques.

Les mesures de la température en surface ainsi que celles prises par des satellites et des ballons météorologiques indiquent que la troposphère s'est réchauffée. La température mondiale moyenne en surface a augmenté de 0,2 à 0,5 °C depuis la fin du XIXème siècle (fig. 28). Deux périodes distinctes ont été marquées par le réchauffement : de 1910 à 1945 et de 1976 jusqu'à maintenant. D'après les relevés, les années quatre-vingt-dix détiennent le record de chaleur, 1998 est l'année la plus chaude du siècle dernier.

D'autre part de 1950 à 1993, la température à la surface de la mer a augmenté environ deux fois plus que celle de la température moyenne de l'air à la surface de la Terre. La hausse de cette température est de 0,05 °C par décennie aux latitudes tropicales.

Les précipitations sur la surface terrestre ont augmenté d'environ 2 % au cours du dernier siècle. La pluie a été beaucoup plus abondante particulièrement aux latitudes élevées de l'hémisphère Nord (précipitations hivernales) comme l'Europe et le Canada. En même temps, elle a considérablement diminué dans d'autres régions, telles que l'Afrique, la région Méditerranéenne et la côte ouest de l'Amérique du Sud.

L'élévation du niveau moyen de la mer qui s'est produite à l'échelle planétaire au cours du XXème siècle est d'environ de 15 cm, ce qui correspond à une montée d'environ 1,5 mm/an. Cette montée résulte majoritairement de la dilatation thermique de l'eau de mer consécutive au réchauffement. Ce phénomène est dû pour 2/3 à la dilatation de l'eau de mer et de l'océan et pour 1/3 à la fonte des glaciers continentaux. La banquise a perdu 1,3 m d'épaisseur.

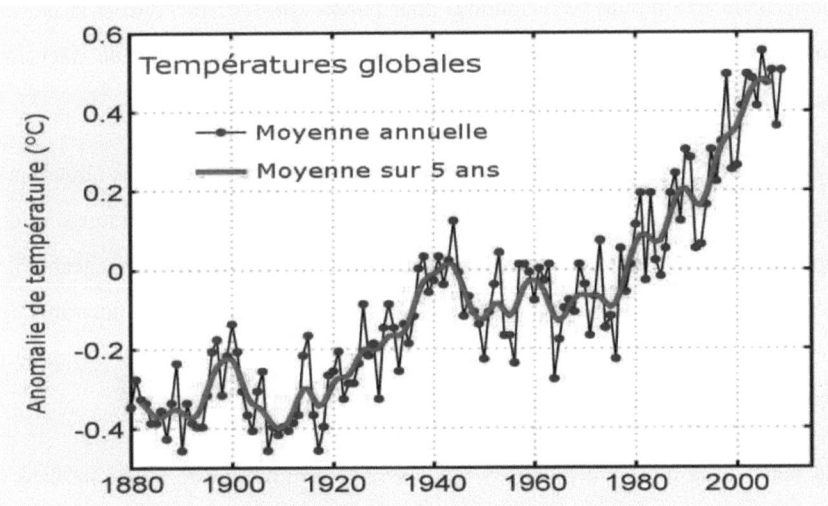

Figure 28: Anomalies combinées des températures annuelles à la surface des terres et des mers de 1861 à 2000 (« Anomalie » représente l'écart par rapport à la moyenne de 1961 à 1990 ; données obtenues par thermomètre ou grâce aux anneaux de croissance des arbres, aux coraux, aux carottes de glaces et aux données historiques, http://www.msc.ec.gc.ca).

7. Modèles climatiques

Prévoir d'éventuels changements climatiques est un problème beaucoup plus difficile que celui des prévisions météorologiques. Les modèles climatiques actuels constituent des outils informatiques extrêmement lourds. Les équations à résoudre, qui décrivent les transferts d'énergie, de masse ou de quantité de mouvement, sont des équations différentielles compliquées, qui font appel aux diverses grandeurs climatiques (température, humidité, pression, etc...) définies en chaque point de l'espace et à chaque instant.

Il faut noter que pour l'essentiel, les modèles ne s'appuient pas sur des données effectivement mesurées, mais sur des lois physiques théoriques. Cependant, le développement très rapide de techniques pour l'observation de la Terre et la mesure de nombreux paramètres, en particulier par les satellites, permettent de mieux en valider le comportement.

Les scientifiques sont maintenant capables de faire des simulations climatiques à long terme et d'établir des cartes indiquant les tendances des températures et des précipitations moyennes pour l'horizon 2100. Chose qui n'était pas envisageable il y a seulement quelques années. Grâce à des ordinateurs de plus en plus puissants, les chercheurs ont réussi à modéliser, dans ces grandes lignes, le système physique le plus complexe que l'on connaisse : la planète Terre.

Il faut noter aussi qu'il y a plusieurs modèles. On dénombre une vingtaine dans le monde sur lesquels travaillent actuellement environ 2000 scientifiques. La gamme va des modèles simples aux modèles complexes connus sous le nom de modèles de circulation générale (MCG).

8. Conséquences du déséquilibre climatique :

Le climat change en réponse à l'augmentation de l'effet de serre comme le prévoient les modèles sur ordinateurs, la température de surface moyenne globale pourrait augmenter de 2 à 3 °C selon le modèle magic scengen (voir plus selon d'autres modèles) plus haute vers la fin du 21ème siècle (fig. 29). Un changement si rapide du climat sera probablement trop grand pour permettre à beaucoup d'écosystèmes de s'adapter convenablement, et le taux d'extinction des espèces augmentera très probablement. En plus des impacts sur la faune et la biodiversité des espèces, l'agriculture, la sylviculture, les terres sèches, les ressources d'eau et la santé humaine seront toutes affectées. De tels impacts seront liés aux changements dans les précipitations (pluies et chutes de neige), du niveau de la mer, et de la fréquence et de l'intensité des événements de temps extrêmes, résultant du réchauffement de la planète.

a. Température

Les experts de GIEC en se basant sur les résultats de plusieurs projets internationaux, prévoit un réchauffement moyen de 1,4 °C à 5,8 °C (ou à 6°C) à l'horizon 2100. Selon qu'on se place à l'une ou l'autre borne de l'intervalle, les conséquences pour l'Homme seront supportables ou catastrophiques. Cette incertitude traduit toujours la complexité du système climatique et la difficulté de compréhension de certains phénomènes climatique dans le temps et dans l'espace. De plus, la modélisation de la Terre fait appel à des dizaines de disciplines différentes, de l'océanographie à la chimie de l'atmosphère, en passant par la géologie, la glaciologie ou la biologie. Rassembler et homogénéiser toutes ces connaissances n'est pas chose facile.

b. Précipitations:

Avec le réchauffement de la planète et une augmentation des températures moyennes de surface globale, les augmentations des précipitations mondiales seraient prévues, en raison des taux plus importants d'évaporation de l'eau de surface de mer dans certaines régions.

Plusieurs analyses régionales de grande échelle des changements des précipitations ont été effectuées. Celles-ci ont démontré que pendant la dernière partie du 20ème siècle, les précipitations ont eu tendance à augmenter dans les moyennes latitudes, par exemple dans l'ancienne Union Soviétique, mais ont diminué dans les régions subtropicales de l'hémisphère Nord. Une diminution importante des précipitations s'est produite au Sahel et dans le grand désert en Afrique du Nord, entre les années 60 et les années 80. Cette dessiccation excessive a été liée aux changements de la circulation des océans et des températures de la surface de la mer Atlantique tropicale.

L'exactitude d'autres données sur des précipitations devrait être traitée avec prudence. Il est plus difficile de surveiller les précipitations que la température due à sa plus grande variabilité géographique. D'autres incertitudes dans les données peuvent être dues à une pauvre efficacité pour collecter les mesures de pluie. En conséquence, la compilation de données mondiales sur les précipitations peut s'avérer très difficile et est peut-être injustifiée.

D'une façon générale, les modèles climatiques prévoient un relatif assèchement des régions équatoriales et tropicales ainsi que du bassin méditerranéen. Alors que dans les régions nord de l'Europe et de l'Amérique, les modèles prévoient une pluie plus abondante.

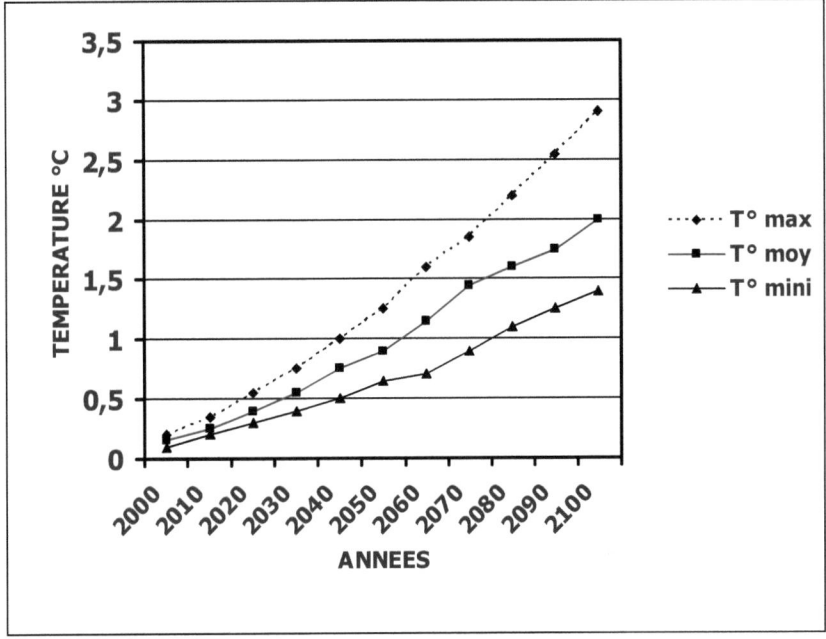

Figure 29: Diagramme de l'évolution probable de la température moyenne globale à l'horizon 2100 (écart par rapport à la norme)(selon le modèle Magic Scengen).

c. Ressources en eau :

Les changements climatiques provoquent des modifications du ruissellement annuel qui varient selon les régions. De plus, à cause de l'évaporation accrue causée par des températures plus élevées et de l'accroissement démographique, la quantité d'eau disponible diminuera, ce qui suscite de vives inquiétudes. On prévoit que le nombre de gens touchés par les pénuries d'eau augmentera de trois milliards.

d. Désertification:

Avec un réchauffement de la planète de plus en plus important, beaucoup de zones continentales devront faire face à des précipitations de plus en plus faibles, et une érosion éolienne de sol de plus en plus forte.

Lorsqu'on défriche de larges étendues de forêts tropicales, on modifie profondément les échanges d'énergie entre le sol et l'atmosphère en changeant le pouvoir réflecteur et l'évapotranspiration de la surface (albedo: cf chapitre 1). La modification du couvert végétal est sans doute l'action la plus constante de l'homme influençant le bilan thermique d'une région et par conséquent influençant le régime des précipitations et de la température moyenne de cette région, voir du globe entier.

Il n'est pas encore possible, en utilisant des modèles sur ordinateurs, d'identifier avec un degré acceptable de fiabilité les endroits de la Terre où la désertification se produira. L'Afrique et l'Asie, souffriront probablement le plus de la désertification dans les régions qui vont subir une baisse des précipitations.

Les conséquences physiques directes de la désertification peuvent inclure une plus grande fréquence des vents de sable et de poussière. Ceci peut contribuer à la disparition de la couche arable. La désertification peut également provoquer des variations régionales dans le climat qui peut amplifier les changements climatiques dus aux émissions des gaz à effet de serre.

e. Elévation du Niveau de la Mer:

Dans le contexte du réchauffement global, l'élévation du niveau de la mer fait l'objet d'une attention particulière. Cela est dû à l'aspect spectaculaire et vital de ses effets sur les populations côtières et sur l'économie mondiale. Le niveau global de la mer s'est déjà élevé de 10 à 25 centimètres pendant ces 100 dernières années, à un rythme de 1 à 2 millimètres par an (1,5 mm/an en moyenne)(fig. 30).

Il est probable que la majeure partie de cette élévation du niveau de la mer soit due à l'augmentation de la température globale au cours des 100 dernières années. Le réchauffement de la planète devrait, en moyenne, chauffer et dilater les océans et augmentant ainsi le niveau de la mer. Les modèles climatiques indiquent qu'environ 25% de l'élévation du niveau de la mer pendant ce siècle a été dû à la dilatation thermique de l'eau de mer. Une deuxième cause importante de l'élévation du niveau de la mer est la fonte des calottes glaciaires au niveau des pôles. Actuellement, il est incertain dans quelle mesure la fonte du Groenland et des calottes glaciaires en Antarctique a contribué à l'élévation globale de niveau de la mer pendant le 20ème siècle.

Les prévisions sur l'augmentation du niveau de la mer sont basées sur les résultats des modèles climatiques, qui indiquent que la température moyenne de la surface de la Terre peut augmenter de 0,2°C par décennie pendant le 21ème siècle. On s'attend à ce que le réchauffement de la planète provoque une nouvelle élévation entre 20 et 86 centimètres d'ici l'année 2100, avec une meilleure estimation aux environs de 50 centimètres (fig. 31), si les émissions des gaz à effet de serre demeurent non contrôlées. Ce rythme de changement prévu (une moyenne de 5 centimètres tous les dix ans) est sensiblement plus rapide que celui connut au cours des 100 dernières années.

Quelques études suggèrent que des changements dans les précipitations augmenteraient l'accumulation de neige en Antarctique, et aideraient à modérer l'élévation du niveau de la mer. D'autres facteurs peuvent influencer cette élévation tels que la rotation de la Terre, des variations locales du littoral, des changements dans les courants principaux des océans, l'affaissement et le soulèvement régional de la Terre, et des différences dans les tendances des marées et dans la densité de l'eau de mer.

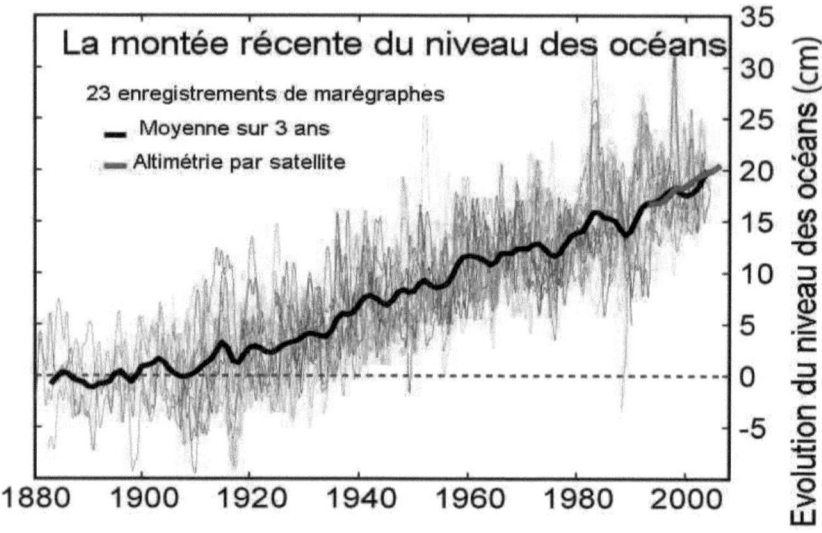

Figure 30: La montée récente du niveau des océans (cm) (www.climatechange.gc.ca/french/index.shtml)

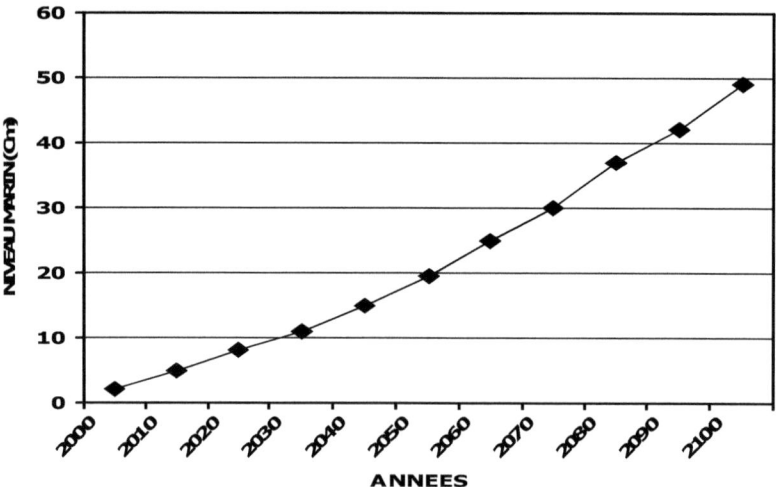

Figure 31: Evolution probable du niveau de la mer au 21ème siècle selon le modèle Magic-Scengen.

f. Agriculture :

Les pays du Nord (exemple, le Canada et la Russie) devraient ressentir des effets bénéfiques sur leur agriculture. Ainsi, d'ici cinquante ans, les agriculteurs russes peuvent remplacer le seigle par la vigne au tour de la mer Caspienne. Par contre pour les pays du sud, la majorité des cultures y étant déjà proches de leur optimum thermique, et tout réchauffement devrait entraîner une baisse des rendements. Les diminutions des précipitations prévues par les modèles vont aggraver les choses.

En Asie, généralement, inondations, sécheresses et cyclones tropicaux porteront atteinte la sécurité alimentaire de nombreux pays d'Asie aride. Par contre, l'agriculture se développera et deviendra plus productive dans les régions septentrionales.

L'Afrique et l'Amérique latine risquent d'être les grandes perdantes du réchauffement global. A l'horizon 2070, l'Afrique enregistrerait une baisse de 25% pour le maïs et 20 % pour le blé. En Amérique latine, la diminution serait de 20 % pour le maïs et 30 % pour le blé et moins de 15 % pour le riz.

Le manque de simulation concernant le bétail pose problème. Le GIEC souligne que cette activité va subir des contraintes extrêmement lourdes particulièrement dans les mêmes régions qui vont souffrir pour l'agriculture.

En ce qui concerne les sols, le réchauffement pourrait stimuler la décomposition de l'humus et de la matière organique et donc réduire la fertilité de certains sols. En effet, la teneur en humus est en général plus élevée sous un climat froid, à cause d'une décomposition plus lente.

g. Ecosystèmes:

Un réchauffement de 2°C au cours des 100 années à venir, décalerait les zones actuelles du climat dans des régions tempérées du monde environ 300 kilomètres vers des latitudes plus élevées, et verticalement par 300 mètres. La composition et la répartition géographique des écosystèmes naturels changeront avec les réponses des différentes espèces aux nouvelles conditions.

Les écosystèmes les plus vulnérables au réchauffement de la planète incluent les forêts, les déserts et les semi déserts, les îles à basse altitude, les régions polaires, les chaînes de montagne, les terres marécageuses, les tourbières, les marais côtiers et les récifs de corail.

Dans le passé, les écosystèmes ont évolué lentement en réponse aux conditions climatiques. De nombreuses espèces, tels les arbres, prennent des décennies à réagir aux changements. Certaines espèces ont des niches uniques, ce qui pourrait éventuellement entraîner leur extinction. Le réchauffement des températures nous obligera à redessiner les frontières des écozones mondiales. La répartition des forêts sera peut-être radicalement modifiée. Ainsi, la forêt boréale de l'Amérique du Nord pourrait être supplantée par la prairie et forcée de migrer sous les latitudes septentrionales où domine actuellement l'écosystème de la toundra.

Etant donné que les espèces réagissent différemment aux changements climatiques, certaines deviendront plus abondantes ou prendront plus d'extension alors que d'autres déclineront. On verra donc changer la structure et la composition des écosystèmes.

h. Faune et Flore :

Les études scientifiques publiées ces dernières années soulignent en effet que le vivant est en train de bouger. Ainsi, les oiseaux ont anticipé leur migration de printemps de 1,3 à 4,4 jours par décennie au cours du dernier demi siècle. Une trentaine d'espèces de papillons européens et nord-américains ont progressé jusqu'à 200 km au Nord en 23 ans.

De nombreuses espèces de poissons marins et dulcicoles sont extrêmement sensibles à la température. Le réchauffement de l'eau augmentera la distance de migration entre l'habitat estival et les frayères et en conséquence, modifiera la répartition des populations et les habitudes migratoires vers le nord.

Aujourd'hui, ce sont des centaines d'espèces dont on est sûr qu'elles sont en train de réagir au changement climatique. Un peu partout dans le monde, de nouveaux venus viennent rompre les relatifs équilibres préexistants.

i. Santé :

En ce qui concerne les effets directs sur la santé. Là aussi les scientifiques sont sûrs de l'influence du climat sur la santé. En effet, l'augmentation des températures provoque une déshydratation accrue et sollicite les mécanismes de refroidissement de l'organisme, notamment le muscle cardiaque. Ce qui favorise les accidents vasculaires et respiratoires principalement chez les personnes âgées et les enfants (canicule d'août 2003 qui a provoqué plusieurs milliers de morts en France, particulièrement les personnes âgées).

Les changements pourraient également se manifester par le développement de certaines pathologies comme les calculs rénaux. Par ailleurs, les naissances prématurées et la mortalité périnatale augmenteront lors des périodes caniculaires.

L'aggravation de la pollution à l'ozone et aux oxydes d'azote pourrait bien devenir un fléau chronique avec les effets redoutables sur les maladies respiratoires.

L'augmentation de la température créera des conditions plus favorables au développement d'insectes, vecteurs de transmission de maladies telles que la malaria. Ainsi, le réchauffement aurait pour effet d'étendre la zone propice aux vecteurs comme le paludisme. La fièvre jaune qui n'a jamais quitté les continents africains et américains, pourrait apparaître en Asie et en Europe.

L'accroissement de l'exposition au rayonnement ultraviolet qui résulterait d'un amincissement de la couche protectrice d'ozone dans la stratosphère, augmenterait le nombre de cataractes et le nombre de cancers de peau surtout dans l'hémisphère sud.

Des conditions plus chaudes et plus humides favoriseront la croissance de bactéries, de moisissures et de leurs dérivés toxiques augmentant ainsi la quantité d'aliments contaminés.

j. Urbanisme :

L'urbanisme doit aussi relever le défi de l'évolution climatique. En effet, les villes, leur organisation et leur situation sont très concernées par cette évolution. Toute nouvelle construction, compte tenu de sa longévité, sera appelée à subir les aléas climatiques. Les spécialistes de ce domaine recommandent déjà de dimensionner les ouvrages en fonction de puissances de vents qui pourraient connaître une hausse de 5 à 10 %. La canicule que l'Europe vient de subir brutalement pose le problème d'une architecture qui protège mal de ces vagues de chaleur de plus en plus fréquentes. Les professionnels cherchent des remèdes en particulier : multiplier les surfaces réfléchissantes (vitrages, miroirs…), utiliser des revêtements clairs, structurer les villes pour y faciliter la circulation de l'air, et surtout planter le plus de végétation.

Certains pays ont déjà engagé des programmes pour consolider les bâtiments, adapter les routes, ponts, chemins de fer, pipelines et autres infrastructures à cette nouvelle donne climatique.

k. Phénomènes extrêmes :

Les modèles climatiques prévoient trois hypothèses en liaison avec les phénomènes extrêmes :

- pas de modifications de l'occurrence moyenne des événements extrêmes, mais plus de temps chauds et de records de chaleur ;
- plus d'événements extrêmes, mais autant de « froids » que de « chauds » ;
- une augmentation des événements extrêmes avec une dominance marquée des « chauds ».

Ainsi peu de doute subsiste, les scientifiques prévoient une augmentation de la fréquence et de l'intensité des calamités qui sont directement liées à la hausse des températures. La sécheresse, les vagues de chaleur, extrême par leur durée, devraient probablement se multiplier renforçant les feux de forêts. Le nombre de grosses tornades et de gros orages devrait augmenter aussi. La progression des épisodes de pluies rapprochées devrait aussi entraîner plus d'inondations, de coulées de boues....

9. Existe-t-il des analogies avec le climat passé :

Les reconstitutions géologiques conduisent toutes à admettre d'un climat crétacé nettement plus chaud qu'aujourd'hui aux hautes latitudes, au point que l'on trouvait des plantes tropicales aussi bien sur les bords du continent antarctique qu'au nord du Canada. Une information plus significative peut être cherchée dans l'interprétation des indices paléoclimatiques. Il s'agit de la période entre 9000 et 6000 ans B.P.. La température globale en surface a probablement subi une fluctuation ne dépassant guère 1°C. A cette époque, la végétation de savane ou de steppe qui fleurissait dans les déserts du Sahara prouve que les précipitations y étaient plus abondantes qu'aujourd'hui. Ces indications sont importantes parce qu'elles montrent qu'un changement significatif de la pluviométrie peut intervenir sans modification notable de la température moyenne globale de la planète.

En résumé le pic de l'Holocène (entre 9000 et 6000 ans B.P) fut plus chaud de 0,5 à 1°C ; le dernier maximum glaciaire (20 000 ans B.P) plus froid de 4 à 5°C et l'interglaciaire de Eemien (122 000 ans B.P) plus chaud de 1 à 2°C.

Il n'y a donc pas de situation qui présente une analogie avec les changements climatiques que devrait provoquer l'effet de serre, ni pour les périodes les plus anciennes (crétacé) ni pour les périodes les plus proches. Toutefois, les données paléoclimatiques sont indispensables pour aider à mieux comprendre les processus climatiques et valider les modèles.

10. Conclusion :

Le climat de la Terre change. Il se réchauffe de plus en plus en relation avec le phénomène de « l'effet de serre ». Les gaz à effet de serre surtout la vapeur d'eau, le dioxyde de carbone, le méthane et l'oxyde nitreux emprisonnent la chaleur du soleil, empêchant ainsi le renvoi du rayonnement et sa dissipation dans l'espace.

Au cours des 100 dernières années, les émissions de ces gaz dues aux activités humaines se sont accumulées dans l'atmosphère. Dans plusieurs régions du monde on a constaté des signes du réchauffement global notamment la hausse des températures moyennes annuelles et le début de la fonte des glaces. Ainsi, selon plusieurs modèles, la température moyenne du globe augmentera d'environ 0.5 à environ 5.8 °C d'ici 2100. Ces changements pourraient produire des effets négatifs considérables sur les êtres humains et les autres espèces : accroissement de la fréquence des sécheresses, inondations, propagation de maladies, perturbation de l'environnement et des écosystèmes. Pour stabiliser le niveau des émissions des gaz à effet de serre, une diminution des émissions annuelles de ces gaz s'impose même si la réaction du climat nécessitera quelques décennies voir plus.

Chapitre 9 :

Les futurs changements climatiques au Maroc et leurs impacts

Introduction

Comme nous l'avons déjà noté, tous les modèles montrent qu'en dehors de la valeur moyenne, c'est la variabilité du climat qui risque de s'amplifier au cours des prochaines décennies. Il est donc très probable que les régions désertiques et subdésertiques comme la région nord africaine (Maghreb) seront plus particulièrement concernées. Certains pays en voie de développement, qui doivent déjà faire face à des problèmes difficiles liés soit aux ressources en eau, à l'agriculture, à la santé ou à la pauvreté, risquent à nouveau d'être perdants dans la perspective d'un changement climatique.

Le Maroc est particulièrement vulnérable à ces changements climatiques futurs, car d'une part, il est entouré par l'océan Atlantique et la mer Méditerranéenne (dans le cas de l'hypothèse d'une augmentation du niveau marin lié au réchauffement global). D'autre part, il est limité par le désert au Sud et au Sud-Est (augmentation de la vitesse de désertification).

1. La politique et le climat : depuis le protocole de Kyoto (PK au Japon) à la COP7 de Marrakech (Maroc):

1. 1. La Convention Cadre des Nations Unies sur les Changements Climatiques (CCNUCC):

En réponse aux prévisions scientifiques du réchauffement de la planète causé par l'Homme, la CCNUCC a été adoptée et signée par 162 pays en 1992 au Sommet de la Planète Terre de Rio. Avec 26 Articles, composés d'objectifs, principes, engagements et recommandations. La CCNUCC est devenu un modèle pour les actions de précaution contre la menace du changement climatique mondial. L'objectif principal est de:

Réaliser la stabilisation des concentrations en gaz à effet de serre dans l'atmosphère à un niveau qui empêcherait une interférence dangereuse avec le système climatique. Un tel niveau devrait être réalisé dans une période de temps suffisante pour permettre aux écosystèmes de s'adapter naturellement au changement climatique, de s'assurer que la production de nourriture n'est pas menacée et de permettre au développement économique de continuer d'une façon durable.

En adoptant la CCNUCC, chaque pays était investit dans un certain nombre d'engagements, y compris l'enregistrement des émissions de gaz à effet de serre nationales, du développement des programmes de réduction d'émission des gaz à effet de serre, de la protection des puits de gaz à effet de serre (tels que les forêts), l'éducation, la formation et le développement de la conscience publique au problème du réchauffement de la planète. Le Royaume-Uni a signé la Convention Cadre en 1992, l'a ratifiée en décembre 1993 et a publié son premier" UK Programme of Climate Change" en janvier 1994 (programme du changement climatique au Royaume Unie d'Angleterre).

1. 2. Protocole De Kyoto (PK):

Au Sommet de la Planète Terre de Rio en 1992, les pays signataires de la Convention Cadre sur les Modifications Climatiques ont accepté de stabiliser les émissions des gaz à effet de serre au niveau de 1990 d'ici l'an 2000, afin d'essayer d'atténuer la menace du réchauffement de la planète. À la suite de ceci un accord historique de réellement réduire les émissions a fait l'objet d'un accord en décembre 1997 à Kyoto (Japon), à la Troisième Conférence des Parties au CCNUCC. Les nations industrialisées ont accepté de réduire leurs émissions collectives des gaz à effet de serre d'au moins de 5 % par rapport aux niveaux de 1990 d'ici la période 2008 à 2012.

Le Protocole de Kyoto est un engagement des pays développés à réduire leurs émissions de gaz à effet de serre. Les six gaz en question sont le dioxyde de carbone, le méthane, l'oxyde nitreux, et les remplacements aux hydrofluorocarbones (HFCs), qui seront échelonnés progressivement au cours des 30 années à venir. Ceux-ci incluent les HFCs, les perfluorocarbones (PFCs) et l'hexafluorure de soufre.

Le Protocole de Kyoto a été approuvé par 160 pays. Il deviendra juridiquement obligatoire si au moins 55 pays le signent, y compris les nations développées responsables pour au moins 55% des émissions de gaz à effet de serre du monde industrialisé. Les réductions des émissions mondiales de 5 % doivent être réalisées par des réductions différentielles pour différents pays. L'union Européenne, la Suisse et la majorité des nations de l'Europe de l'Est et Centrale apporteront des réductions de 8%; les USA réduiront leurs émissions de 7%; et le Japon, la Hongrie, le Canada et la Pologne de 6%. La Nouvelle Zélande, la Russie et l'Ukraine doivent stabiliser leurs émissions, tandis que l'Australie, l'Islande et la Norvège ont le droit d'augmenter légèrement, bien qu'à un taux réduit comparé aux tendances actuelles. Dans l'Union Européenne, d'autres taux différentiels de réduction s'appliquent. Le Royaume-Uni s'est engagé à une réduction de 12%.

Les Etats-Unis, dont l'objectif est de −7%, ils en sont à + 20% par rapport à l'année de référence 1990. Seul les pays de l'Est et la Russie ont d'ores et déjà réussi à remplir leurs objectifs du fait du ralentissement majeur de leur économie au cours des années 1990, se traduisant par une baisse des émissions de 38%.

1.3. La COP 7 à Marrakech :

Afin de contribuer au processus mondial de lutte contre les Changements Climatiques, le Maroc, a abrité la Septième Conférence des Paries à la Convention sur les Changements Climatiques (COP 7) à Marrakech du 29 octobre au 9 novembre 2001.

Cette importante manifestation internationale, a connu une participation de plus de 4600 délégués représentants plus de 172 pays. Plusieurs organisations internationales, des organismes spécialisés des Nations Unies, des organisations non gouvernementales (ONGs) et des Associations socioprofessionnelles en leur qualité d'observateurs ont aussi participé. La COP7 a permis le démarrage de la mise en œuvre de l'Accord Politique de Bonn conclu lors de la COP6 bis tenu à Bonn en juillet 2001, et qui vise en premier lieu la concrétisation du Plan d'Action de Buenos Aires à travers des décisions palpables et opérationnelles en matière de lutte contre le réchauffement de la planète. Lors de la COP7, et au terme de consultations intenses, la Conférence a pu aboutir à un accord global et consensuel appelé «Accords de Marrakech». Qualifié d'historique et stigmatisant le succès de la COP7, cet accord comporte beaucoup de décisions concernant les principaux points suivants : financements, transfert de technologies, adoption d'un système de contrôle juridiquement contraignant, adoption des procédures de mise en œuvre des articles 5,7 et 8 du protocole de Kyoto, adoption des lignes directrices relatives à la mise en œuvre des mécanismes de flexibilité, démarrage rapide du Mécanisme pour un Développement propre (MDP) et la mise en place du Comité Exécutif MDP, adoption de la déclaration de Marrakech relative au développement durable en perspective du prochain sommet planétaire Rio + 10. Cette déclaration, qui a été lue au nom de la Conférence des parties, mettait l'accent sur le lien organique entre la problématique des changements climatiques, et le phénomène de désertification, le problème de l'eau, de la pauvreté en relation avec le développement durable.

1.4. Le Mécanisme pour un développement propre (MDP) :

Le concept de base du MDP est que les pays industrialisés auraient la possibilité de recevoir un crédit pour les activités de réduction des GES dans les pays en voies de développement. Le MDP a deux objectifs principaux: réduire le coût de conformité des pays ayant obligation de réduction d'émission; soutenir certains pays (selon la COP 7) à parvenir à un développement durable.

2. Le Maroc et les changements climatiques :

Malgré sa contribution très limitée aux émissions mondiales globales (le Maroc émet dix fois moins que les USA et 5 fois moins que la France en ce qui concerne les émissions de CO_2 par habitant et par an), le Maroc s'efforce de mener une politique environnementale et énergétique rigoureuse basée avant tout sur la sensibilisation du public et aussi sur la mise en place d'un arsenal juridique et réglementaire adéquat. Afin de limiter les émissions des polluants atmosphériques; le Ministère en charge de l'Environnement a préparé trois textes de loi qui ont été promulgué par le Parlement le 13 juin 2003. Il s'agit de :

- **Loi N° 11-03 relative à la protection et la mise en valeur de l'environnement :**

Enonce les principes directeurs de protection et de gestion de l'Environnement. Il traite des obligations qui présentent un risque pour l'environnement et des dispositions visant à lutter contre les pollutions et les nuisances et traite d'instruments de gestion de l'environnement tels que les normes et standards, les études d'impacts et des plans d'urgence (Dahir N° 1.03.59 du 10 Rabiï I 1424 (12 mai 2003), BO N° 5118 du Juin 2003).

- **Loi N° 12-03 relative aux Etudes d'impact sur l'environnement :**

Soumet à une étude d'impact sur l'environnement préalable tout projet ou ouvrage qui, en raison de sa nature, de sa dimension ou de ses incidences sur le milieu naturel est susceptible d'avoir un impact sur l'environnement (Dahir N° 1.03.60 du 10 Rabiï I 1424 (12 mai 2003), BO N° 5118 du 19 Juin 2003). Décret n° 2-04-563 du 5 kaada 1429 (4 novembre 2008) relatif aux attributions et au fonctionnement du comité national et des comités régionaux des études d'impact sur l'environnement.

- **Loi N°13-03 relative à la lutte contre la pollution de l'air :**

    A pour but de prévenir, réduire et limiter les émissions de polluants dans l'atmosphère. Il vise les sources de pollution atmosphérique fixe et mobiles et interdit d'émettre, de déposer, de dégager ou de rejeter dans l'atmosphère des pollutions au-delà des normes qui seront fixées par voie réglementaire (Dahir N° 1.03.61 du 10 Rabiï I 1424 (12 mai 2003), BO N° 5118 du 19 Juin 2003).

- Dahir n° 1-02-130 du 1er rabii II 1423 (13 juin 2002) portant promulgation de la loi n° 08-01 relative à l'exploitation des carrières. Bulletin Officiel N° 5036 - 27 joumada II 1423 (5-6-2002).

- Arrêté conjoint du ministre de l'équipement et du ministre chargé de l'aménagement du territoire, de l'urbanisme, de l'habitat et de l'environnement n° 1275-01 du 10 chaabane 1423 (17 octobre 2002) définissant la grille de qualité des eaux de surface (Bulletin Officiel n° 5062 du Jeudi 5 Décembre 2002).

- Arrêté conjoint du ministre de l'équipement et du ministre chargé de l'aménagement du territoire, de l'urbanisme et de l'habitat et de l'environnement n° 1277-01 du 10 chaabane 1423 (17 octobre 2002) portant fixation des normes de qualité des eaux superficielles utilisées pour la production de l'eau potable.

- Arrêté conjoint du ministre de l'équipement et du ministre chargé de l'aménagement du territoire, de l'urbanisme et de l'habitat et de l'environnement n° 1276-01 du 10 chaabane 1423 (17 octobre 2002) portant fixation des normes de qualité des eaux destinées à l'irrigation.

- Arrêté du ministre chargé de l'aménagement du territoire, de l'eau et de l'environnement n° 2028-03 du 10 ramadan 1424 fixant les normes de qualité des eaux piscicoles (B.O. du 18 mars 2004).

- Arrêté du premier ministre n° 3-3-00 du 17 joumada I 1424 (16 juillet 2003) portant application du décret n° 2-95-717 du 10 rejeb 1417 (22 novembre 1996) relatif à la préparation et à la lutte contre les pollutions marines accidentelles.

- Décret n° 2-07-253 du 14 rejeb 1429 (18 juillet 2008) portant sur la classification des déchets et fixant la liste des déchets dangereux (Bulletin Officiel n° 5654 du Lundi 7 Juillet 2008).

D'autres projets de lois sont en cours d'étude et peut être d'adoption (www.minenv.gov.ma).

3. Que prédisent les modèles climatiques pour le Maroc à l'horizon 2100 ?

Au Maroc, les observations des trois dernières décennies (1970-2000) montrent des signes annonciateurs d'impacts probables des changements climatiques attendus: fréquence et intensité des sécheresses, inondations inhabituelles, réduction de la durée d'enneigement des sommets du Rif et de l'Atlas, modification de la répartition spatio-temporelle des pluies, changements des itinéraires et des dates de passage des oiseaux migrateurs, apparition dans la région de Rabat de certaines espèces d'oiseaux qu'on ne voyait qu'au sud de Marrakech etc. Certaines de ces manifestations ont déjà beaucoup coûté au Maroc sur les plans: social, économique et environnemental. La préoccupation majeure actuelle du pays est d'arriver à prévoir, avec des marges d'incertitude scientifiquement admises, les impacts potentiels des changements climatiques prévus par le GIEC sur les secteurs vitaux du pays: l'eau, l'agriculture, la forêt, l'élevage, le littoral, et la santé (communication nationale initiale à la convention cadre des nations unies sur les changements climatiques, 2001).

L'étude partielle de vulnérabilité aux impacts des changements climatiques, faite dans le cadre de la préparation de la communication initiale du Maroc à la CCNUCC, présente des projections en 2020 de quelques variables déterminantes: qualitatives pour le secteur de l'environnement et pour le contexte socio-économique, quantitatives pour les secteurs de l'eau et de l'agriculture.

Une hypothèse conforme à la réalité du climat du Maroc est de le considérer comme semblable à celui du sud de l'Europe pendant l'hiver et à celui du Sahel pendant l'été: Pour ces deux régions des simulations spécifiques ont été réalisées et ont permis d'avoir des prévisions sur l'évolution thermique régionale plus fiable.

Les modèles climatiques prévoient dans notre pays une augmentation de la température de 1 à 2 °C. Les précipitations devraient varier globalement entre +5 % et – 5% suivant les régions. Ce pendant pour avoir des estimations relativement fiables, il faut combiner les données de terrain avec les données de modèles pour choisir le modèle convenable pour la région Maroc.

Cependant les tendances générales sont :

- Tendance nette à une augmentation de la température moyenne annuelle, comprise entre 0.7°C et 1 °C, à l'horizon 2020. Une augmentation de la température moyenne annuelle de 1 à 2 °C à l'horizon 2050.
- Une augmentation de température d'hiver de 1,5 à 4,5 °C.
- Augmentation de la fréquence et de l'intensité des sécheresses dans tous le pays et particulièrement au Sud et à l'Est;
- Tendance à la réduction moyenne du volume annuel des précipitations de l'ordre -4% à -11% en 2020, par rapport à l'année 2000.
- Un changement dans les précipitations d'hiver entre - 0,1 et + 0,25 mm/jour en été.

> Dérèglement des précipitations saisonnières (pluies d'hiver concentrées sur une courte période),
> Augmentation de la fréquence et de l'intensité des orages frontaux et convectifs dans le Nord et à l'Ouest de la chaîne de l'Atlas ;
> Réduction de la durée d'enneigement et un retrait du manteau neigeux (migration en altitude de l'isotherme 0°C et accélération de la fonte des neiges).
> Un changement dans l'humidité du sol entre – 1 cm et +1 cm l'hiver et entre 0 et +1,3 cm l'été.
> L'élévation moyenne du niveau de la mer se situerait entre 2,6 et 15,6 cm à l'horizon 2020 (par rapport à 1990). 20 à 25 cm à l'horizon 2050.

Pour les projections à l'horizon 2100, nous avons utilisé le modèle Magic/Scengen. Quelques phénomènes cités ci-dessus vont s'accentuer. A savoir une augmentation de la température moyenne annuelle qui peut aller jusqu'à 4,5°C dans certaines régions (fig. 32). C'est dans les régions du Sud et Sud-Est où il y aurait une forte augmentation des températures comme dans les régions d'Oujda, Figuig, Ouarzazate, Errachidia. Alors que dans les régions du Nord-Ouest une augmentation probable d'environ de 2° C est à prévoir (exemple à Tanger, fig. 32). Une diminution des précipitations moyennes annuelles jusqu'à – 15% dans les régions du Sud.

Généralement, les modèles climatiques de type GCM, prévoient une augmentation de la température moyenne annuelle de 1 à 3°C d'ici 2050 dans toute la région méditerranéenne. Les précipitations moyennes annuelles vont diminuer de 10 à 20% dans la même région. Le modèle de végétation « BIOME3 » en se basant sur une concentration de CO_2 de 500 ppmv et une augmentation de la température moyenne annuelle de 2°C prévoit deux scénarios possibles (Cheddadi et al., 2004):

- Le premier scénario en gardant les mêmes précipitations qu'actuellement, une migration Sud-Nord de la végétation. Dans ce cas, la région du Maghreb connaîtra une extension de la végétation xérophytique et désertique vers le Nord.

- Le deuxième scénario en diminuant les précipitations de 10 à 30 % par rapport à l'actuel. Dans ce cas, une extension Sud-Nord du désert est à prévoir.

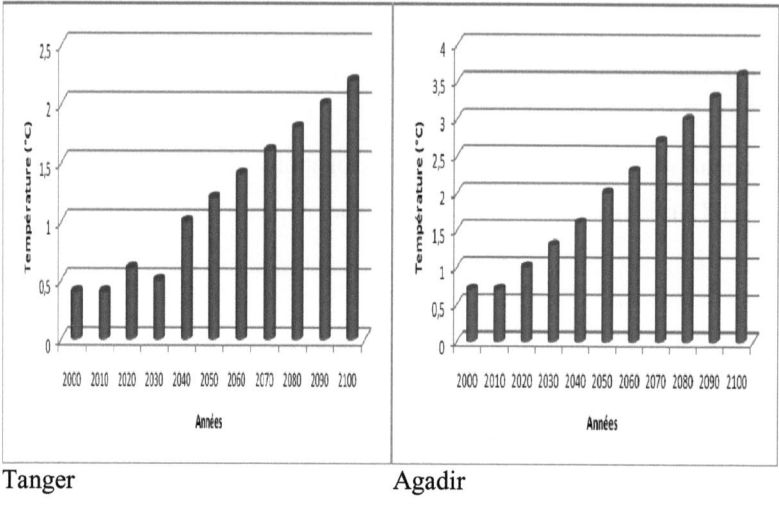

Tanger　　　　　　　　　Agadir

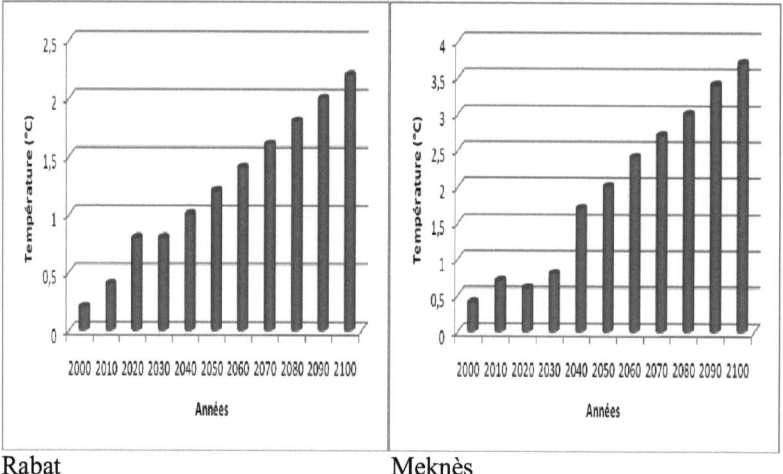

Rabat　　　　　　　　　Meknès

Figure 32: Evolution probable de l'écart de température par rapport à la température moyenne annuelle actuelle au niveau de quelques villes marocaines pour le prochain siècle d'après le modèle Magic-Scengen.

4. Le Maroc est-il vulnérable aux changements climatiques ?

La vulnérabilité, est définie comme le « degré par lequel un système risque de subir ou d'être affecté négativement par les effets néfastes des changements climatiques, y compris la variabilité climatique et les phénomènes extrêmes (inondations, sécheresses…) ». C'est aussi, un concept de base pour la gestion des risques du changement climatique, malgré les nombreuses incertitudes associées aux projections des climats futurs.

La vulnérabilité résulte de l'exposition à des menaces physiques qui dépassent la capacité de résistance des hommes et des communautés. Les menaces peuvent être dues à une combinaison de processus sociaux et physiques. Par conséquent, la vulnérabilité de l'être humain suscite de nombreuses préoccupations environnementales. Elle touche autant les riches que les pauvres, les villes que les campagnes, le nord que le sud, et les menaces environnementales pourraient compromettre tout le processus de développement durable des pays.

Le Maroc est limité à l'Ouest par l'océan Atlantique, au Nord par la Méditerranée, au Sud et au Sud-Est par le désert du Sahara. Le Maroc est une terre de transition et de beaucoup de contrastes. Ses caractéristiques géographiques principales sont:
- Grande extension en latitude (de 21° à 36° nord), ce qui situe le pays entre deux ceintures climatiques: tempérée au nord et tropicale au sud;
- Importante façade maritime (avec plus de 3 400 km de côtes) de Saïdia sur la Méditerranée à Lagouira dans l'Atlantique en passant par le détroit de Gibraltar ; qui détermine l'influence de la mer sur le climat ainsi que les échanges commerciaux, les activités de pêche et de tourisme ainsi que l'urbanisation du littoral;

- Domaine montagneux étendu et d'altitude élevée, culminant à plus de 4000 mètres dans les chaînes de l'Atlas.

Cette situation entraîne une grande variabilité spatio-temporelle du climat: précipitations variant de plus de 2 mètres par an sur les reliefs au nord du pays, à moins de 25 mm sur les plaines désertiques du sud où des épisodes de sécheresse périodiques sont fréquents. Un nombre de jours de pluie très limité (moins de 50 jours sur une grande partie du pays). Des températures moyennes annuelles élevées, dépassant les 20°C dans le Sud et plus douces le long du littoral. Ceci est lié au niveau élevé du rayonnement solaire parvenant à la région, et aux advections fréquentes de masses d'air chaudes. Ces éléments entraînent une forte évapotranspiration.

Les ressources en eau, caractérisées par leur rareté (à la limite du stress hydrique) et leur irrégularité spatiale et temporelle, sont soumises à une pression croissante, liée à la poussée démographique et à l'extension de l'agriculture irriguée, ainsi qu'au développement urbain, industriel et touristique. Il faut noter ici que 90 % des eaux du notre pays vont à l'irrigation, dont 40 % se perdent dans la nature.

Les secteurs les plus vulnérables du pays sont (tableau 7):
- les ressources en eau, déjà à la limite de la couverture des besoins : dans la grande partie de son territoire, le Maroc à un climat semi-aride. Trois grands problèmes menacent les ressources en eau qui sont un système d'irrigation archaïque, l'assainissement liquide (la majorité des eaux usées sont rejetées sans traitement) et le gaspillage urbain.
- la production agricole et la forêt;
- les zones littorales et les ressources halieutiques;
- les grands établissements humains (notamment les grandes villes entre Casablanca et Tanger);

Une enquête dans la région de Tanger-Tétouan sur un échantillon représentatif de la population a été faite (niveau de vie, cadre ou pas, âge…). Il fallait répondre à la question :

Quels sont les secteurs et les sous secteurs les plus vulnérables aux futurs changements climatiques au Maroc ? (Tableau, 7).

Tableau 7: les principaux secteurs et sous secteurs les plus vulnérables aux futurs changements climatiques au Maroc

Secteurs	Sous secteurs
Ressources en eau.	Nappes phréatiques
	Ecoulement superficiel
Agriculture	Pluviale
	Irrigué
Ressources Halieutiques	Pêche industrielle
	Pêche traditionnelle
Forêts	Forêt naturel
	Forêt artificiel
Littoral	Méditerranéen
	Atlantique
Santé	
Etablissements humains	Ville côtières
	Démographie
Ecosystèmes aquatiques	Continental
Energie	Biomasse
	Hydroélectrique
Tourisme	Littoral
	Continental

Selon cette étude se sont les ressources en eau qui sont les plus vulnérables aux futurs changements climatiques devant l'agriculture, les forêts et la santé. Le tourisme vient en dernier.

5. Le Maroc face aux éventuels impacts aux changements climatiques:

a. Impacts sur les ressources en eau

Une baisse moyenne et générale des ressources en eau de l'ordre de 10 à 15% est prévue à l'horizon 2020. Les conséquences de cette baisse et du dérèglement des précipitations seraient:

- Une réduction de la capacité des barrages (précipitations concentrées et envasement accéléré par une érosion accentuée),
- Un dérèglement du régime des oueds (fleuves et rivières),
- Une baisse des niveaux piézométriques, induisant une diminution des débits des exutoires naturels des nappes phréatiques et une augmentation de la salinité de leurs eaux en zone côtière,
- La dégradation de la qualité des eaux (pollution),
- La surexploitation (croissance démographique, l'urbanisation et le développement socio-économique),...

b. Impacts sur l'agriculture

L'augmentation de la température va entrainer l'augmentation de l'évapotranspiration chez le monde végétal.
- Réduction des rendements des céréales de -50% en année sèche et de -10% en année normale (- 5% en zone humide à -20 % en zone aride),
- Accroissement des besoins en eau des cultures irriguées compris entre 7 et 12%.
- La réduction des cycles des cultures,
- Le décalage et la réduction de la période de croissance,

- L'accroissement des risques de périodes sèches en début, milieu et fin du cycle des cultures annuelles,
- Le déplacement vers le nord de la zone aride (déplacement des limites naturelles végétales en direction du Nord).
- La disparition de certaines cultures comme l'alpiste et de certains arbres comme l'arganier,
- L'apparition de nouvelles maladies (la mouche blanche des tomates n'a-t-elle pas été favorisée par des conditions climatiques particulières ?).

L'agriculture continuera à exercer une pression croissance sur les ressources en eau en terme de quantité d'eau consommée à l'hectare. Le stress hydrique sera aggravé d'où l'impact négatif sur le rendement. Cet impact peut toucher les périmètres irrigués dans la mesure où les restrictions sur la demande en eau seraient plus sévères.

L'impact sur l'élevage va de pair avec l'impact sur l'agriculture, la production animale au Maroc étant indissociable du système de production végétale. La réduction de la couverture végétale va entraîner la réduction de la production animale sans oublier l'augmentation de la mortalité liée à l'apparition de certaines maladies animales.

c. Impacts sur les forêts :

Les écosystèmes forestiers, malgré leur diversité, sont très fragiles, en raison d'une pression accrue due à la poussée démographique et au faible niveau de vie des populations rurales. Une dégradation de plus en plus forte des forêts sous l'action de l'Homme et sous l'action combinée de la désertification (érosion particulièrement éolienne) et de la déforestation. La désertification menace 90 % des terres du pays. La forêt n'occupe que 8 % du territoire national (soit 9 millions d'hectares).
Certaines forêts comme les forêts du Rif et de la Maâmoura sont carrément menacées de disparition à l'horizon 2020 selon certains experts.

- Une augmentation de la mortalité des espèces forestières due au stress physique.
- Une augmentation de la susceptibilité aux insectes et aux maladies (Tabet-Aoul, 1999).
- Une augmentation de l'incidence des feux de forêts dues aussi bien à un climat chaud qu'à l'action de l'homme.

d. Impacts sur les écosystèmes et sur la biodiversité :

Le réchauffement climatique et la baisse de la pluviométrie posent de graves problèmes de survie aux écosystèmes naturels terrestres marocains.

L'invasion des parasites et des maladies augmentera avec le réchauffement climatique et rendra plus vulnérables certains écosystèmes. Certains écosystèmes vont disparaître et aussi certaines espèces animales et végétales. On assistera aussi à une émigration Sud-Nord de certaines espèces.

Le Maroc est un pays qui compte plus de 39 675 espèces de flore et de faune (dont 71 % résident dans des écosystèmes terrestres). Cependant, quelques 2280 espèces sont menacées de disparition et un grand nombre se trouve en situation de vulnérabilité.

e. Impacts sur la santé :

- Augmentation des maladies transmises par les vecteurs ou l'eau,
- Augmentation de la fréquence des épisodes de grande chaleur,
- Augmentation de la fréquence des catastrophes naturelles d'origine climatique et la dégradation de la qualité de l'air et de l'eau.
- La hausse des températures pourraient accroître l'aire géographique des maladies à transmission vectorielle et en allonger la saison.
- Augmentation des vagues de chaleur, de l'humidité et de la pollution atmosphérique urbaine provoquera un nombre accru de décès et d'épisodes de

maladies liés à la chaleur. Les plus touchés seraient les personnes âgées, les enfants et les malades.

f. Autres impacts

Les impacts des changements climatiques sur le littoral et la pêche, sur l'industrie, sur le tourisme et les établissements humains précaires n'ont pas encore fait l'objet d'étude spécifique. Mais il est évident que tous ces secteurs seraient affectés directement ou indirectement par l'élévation de la température, du niveau de la mer ou la diminution des précipitations.

6. Quelques mesures d'adaptation du Maroc aux changements climatiques:

Vu la nature des systèmes climatiques de la Terre, la température devrait continuer à augmenter, même après la stabilisation des concentrations de dioxyde de carbone et des autres gaz à effet de serre. Des mesures d'adaptation seront donc nécessaires pour compléter les stratégies d'atténuation. La Convention cadre des Nations Unies sur les changements climatiques et le Protocole de Kyoto exigent que les parties tiennent également compte de l'adaptation aux changements climatiques. Le Protocole de Kyoto, par exemple, stipule que les parties doivent « faciliter une adaptation appropriée à ces changements ».

L'adaptation est définit comme « la capacité d'ajustement d'un système face aux changements climatiques (y compris à la variabilité climatique et aux extrêmes climatiques) afin d'atténuer les effets potentiels, d'exploiter les opportunités, ou de faire face aux conséquences». Normalement, un secteur ou une région à forte capacité d'adaptation devrait pouvoir s'adapter aux changements du climat, voire en tirer partie, alors que d'autres à plus faible capacité d'adaptation en souffriront probablement. Les mesures d'adaptation sont les activités qui réduisent au minimum les impacts négatifs du changement climatique. L'adaptation n'est pas une nouveauté : les humains se sont toujours adaptés au changement, et ils continueront de le faire dans l'avenir.

Pour atténuer les impacts dus aux changements climatiques au Maroc, quelques mesures d'adaptations sont à prendre en considération:

- ➢ Amélioration des techniques culturales et des techniques de gestion.
- ➢ Adaptation de variétés résistantes à la sécheresse, moins exigeantes en eau et à fort potentiel de production.
- ➢ Pratique de la fertilisation raisonnée (l'utilisation limitée des pesticides et des engrais).
- ➢ Meilleur choix des dates de semis.
- ➢ Gestion rationnelle de l'eau d'irrigation.
- ➢ Généralisation des techniques d'irrigation performantes (goutte à goutte).
- ➢ Pratique des irrigations de complément sur les zones bourres qui s'y prêtent.
- ➢ Amélioration des techniques de labour (protection des sols).
- ➢ Une politique plus soutenue de la plantation des arbres pour limiter la désertification accompagnée par une sensibilisation de la population rurale sur le surpâturage, le défrichement direct pour la mise en culture et l'exploitation pour le bois du feu.
- ➢ Protection du littoral (une protection très particulière des zones littorales ayant le même niveau que celui de la mer).
- ➢ En ce qui concerne l'eau, les mesures d'adaptation pour faire face à la situation projetée, concernent notamment le maintien et l'accélération de la mobilisation de l'eau conventionnelle disponible, la mobilisation des ressources en eau non conventionnelle, récupération des eaux usées (construction de beaucoup de stations de traitement des eaux), l'économie de l'eau, la gestion intégrée et le renforcement du cadre réglementaire ; sans oublier la recherche de moyens d'amélioration du stockage de l'eau dans le sol

(une meilleure maîtrise des écoulements et des infiltrations des eaux de surface).
- ➤ Continuer la politique de la protection des ressources en eau dans des barrages notamment la politique du feu Hassan II « une année un barrage ».
- ➤ Renforcement de l'arsenal juridique sur la protection de l'environnement (renforcement de la loi sur le littoral, sur la pollution liquide, solide et la pollution de l'air, loi sur le traitement des déchets...).
- ➤ Sans oublier une mobilisation de tous les marocains (formation, information et sensibilisation...).

Les grands défis à relever pour contrer la situation future sont difficiles mais ne sont pas impossibles. Ils exigent de notre pays et particulièrement de ceux qui nous gouvernent et des pouvoirs publics de mener une réflexion profonde sur les bases d'un développement durable des ressources naturelles et des établissements humains.

7. Conclusion :

Comment caractériser le niveau de danger associé aux changements climatiques au Maroc? Jusqu'où voulons-nous réduire ce danger? Quelles mesures d'adaptation préventives pouvons-nous prendre? Pour répondre à ces questions, il nous faudra améliorer notre connaissance des processus fondamentaux qui régissent le climat et sa modélisation. Mais, au stade actuel, invoquer le besoin d'en savoir plus pour prendre des mesures signifie attendre de voir pour croire. Quand nous verrons, il sera trop tard: du fait de la forte inertie des systèmes naturels, nous aurons mis en route une évolution irrémédiable.

Le Réchauffement et la réduction des précipitations que va connaître probablement le Maroc affecteraient toutes les composantes de l'environnement, éléments essentiels au développement et au bien être : la santé, les écosystèmes terrestres et aquatiques et les systèmes socio-économiques (l'agriculture, la pêche et les ressources en eau...).

Les meilleures mesures d'adaptation aux futurs changements climatiques seraient de développer et de renforcer la recherche scientifique dans ce domaine d'une part, et d'autre part informer et former les gents pour mieux les préparer à une telle éventualité (dans la sérénité et un calme absolu pour garantir de bons résultats). Il ne faut pas oublier non plus que notre pays a d'énormes potentialités en matière d'énergie renouvelables, notamment solaire, éolienne et hydraulique.

Conclusions générales

La coopération internationale autour des projets tels que : PANACH, PEP I, PEPII PEPIII, CLIVAR, PAGES, IGBP etc, insistent sur l'utilisation des méthodes modernes dans l'analyse des enregistrements du passé. Dans ce but elle propose un ensemble de protocoles inter-disciplinaires pour des forages continentaux pour obtenir des enregistrements paléoclimatiques. L'accent sera mis sur des mesures géophysiques continues (telle que la susceptibilité magnétique), avant échantillonnage, et suivis par des analyses géochimiques, isotopiques, des micro et macro-fossiles détaillés, selon le cas. Des datations à haute résolution d'échantillonnage et temporelle sera une part importante de toute étude (la compréhension du système climatique de la terre dans le passé dépend en premier lieu d'une chronologie valide et fermement établie).

Les modèles de circulation générale (GCM) sont des outils importants pour étudier les climats passés. Ils aident à élucider les mécanismes d'interaction qui peuvent mener à des variations climatiques et à des changements, et ils sont capables de simuler des conditions climatiques qui sont différentes de celles que nous avons aujourd'hui. Des simulations climatiques modélisées peuvent aussi être évaluées par comparaison avec les enregistrements paléoclimatiques (données), fournissant alors un test pour vérifier la validité des modèles.

La croissance de la concentration des gaz à effet de serre dans l'air due aux activités humaines est susceptible d'entraîner au siècle prochain un réchauffement du climat dont l'amplitude reste encore difficile à quantifier. Une compréhension encore insuffisante des rétroactions internes au système atmosphérique explique en grande partie ces incertitudes que les dynamiciens du climat s'efforcent de réduire (figure 33). Les expériences numériques ont pour objectif d'analyser l'importance de la représentation physique des nuages dans les modèles de circulation générale de l'atmosphère, afin de mieux évaluer la validité des prévisions du climat futur qui sont effectuées à l'aide de ces modèles.

La simulation des variations des températures de surface et des précipitations associées à un doublement de la concentration en gaz carbonique montre un réchauffement moyen d'environ 5,8 °C, mais il est réparti de manière très hétérogène. Les changements de température sont plus importants aux hautes qu'aux basses latitudes. Au contraire les changements du régime des précipitations sont plus intenses aux basses latitudes, parce que le niveau de saturation en vapeur d'eau de l'atmosphère varie considérablement avec la température dans les régions chaudes. On observe ainsi un déplacement des cellules convectives tropicales et une augmentation des précipitations aux moyennes latitudes, mais la zone méditerranéenne et sahélienne est sujette à des sécheresses qui seraient catastrophiques se ces simulations devaient se montrer réalistes.

Si le risque climatique futur est bien établi, la simulation correcte de ses conséquences à l'échelle régionale reste très difficile, notamment parce que les nuages, par leur action sur le bilan radiatif de l'atmosphère et les rétroactions qu'ils engendrent, constituent une source majeure d'incertitude (figure 33).

En ce qui concerne les effets d'un réchauffement sur la végétation, l'agriculture et autres écosystèmes, les incertitudes l'emportent encore sur les faits clairement établis.

Il faudra intensifier les recherches pluridisciplinaires rassemblant agronomes, biologistes, climatologues et physiciens pour élaborer des modèles fiables.

Les activités humaines émettent près de 8 GtC/an de CO_2 alors qu'il ne s'en accumule que trois dans l'air. Autrement dit, pour être efficace, il faudrait réduire les émissions anthropiques de moitié, ce qui suppose un changement de nos habitudes de confort notable. Les accords de Kyoto sont loin de ces 50 % puisque les réductions proposées tournent en moyenne autour de 5,2 %. S'ils sont respectés et que l'effort de réduction est maintenu, les pays industrialisés produiront moins de CO_2 atmosphérique, mais dans le même temps, les pays émergeant tels que la Chine et l'Inde compenseront cette diminution.

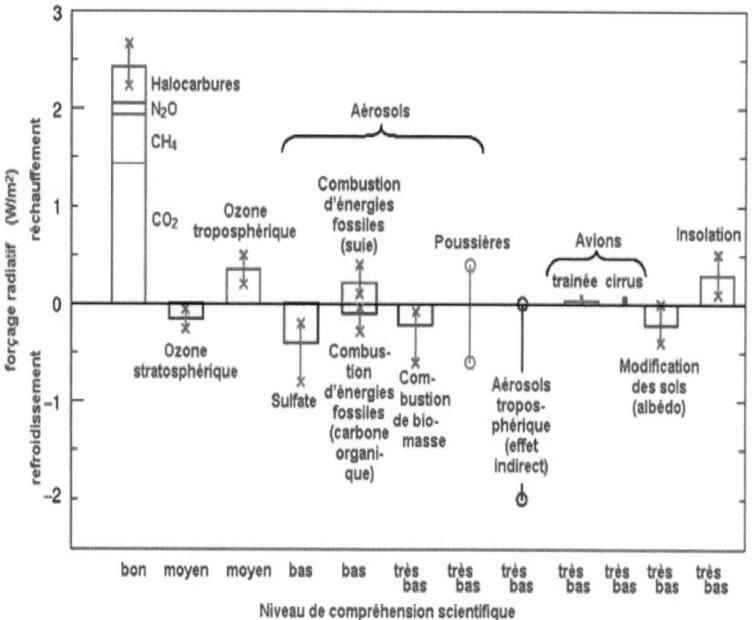

Figure 33 : Niveau de compréhension scientifique des différents paramètres qui contrôlent le forçage radiatif (rapport GIEC, 2007).

Les changements climatiques qu'a connu le Maroc depuis la dernière glaciation jusqu'à maintenant entrent bien dans le cadre des changements globaux. En effet, en se basant sur plusieurs indicateurs hydroclimatiques plusieurs périodes ont été mises en évidence:
- La période comprise entre 21000 et 12500 ans BP, est caractérisée par une faible activité des feux sous les conditions d'un climat plus froid et plus sec qu'actuellement et où la biomasse terrestre été relativement limitée ;
- La période comprise entre 12500 et 4500 ans BP, aurait connu une augmentation de l'activité des feux en relation avec une forte disponibilité du combustible et un climat plus chaud contrôlé par plusieurs paramètres qui agissent à l'échelle globale, régionale et locale. Une persistance de la NAO (Oscillation Nord Atlantique) positive a été suspecté entre 8500 et 8000 BP et ce en corrélation avec différents sites du Sud Méditerranéen (Espagne par exemple).
- La période comprise entre 4500 ans BP et l'actuel, correspond essentiellement au retour à des conditions climatiques favorable et la réinstallation de la couverture végétale. L'activité anthropique s'est fait apercevoir au cours des deux derniers millénaires.

Pour la période la plus récente on distingue :
- Une Phase antérieur à 1960, avec des bas niveaux lacustres sous des conditions climatiques relativement instable à tendance aride. Cet événement apparait synchrone avec les données instrumentales collectées au Maroc. Ils sont aussi en relation avec la NAO positive enregistrée pendant cette période.
- La phase comprise entre 1960 et 1970, montre un changement significatif dans le mode de sédimentation. Il correspond à une diminution assez remarquable de la matière organique. Tous les archive lacustres indiquent une période plus froide et plus humide que la précédente. L'analyse de l'évolution de l'écart cumulé des précipitations par rapport à la normale a mis en exergue une période pluvieuse de 1961 à1972.

- La dernière phase postérieure à 1970 est marquée par une baisse drastique des niveaux lacustre. Elle a connu un réchauffement important, où des records absolus de températures ont été battus favorisant le phénomène d'évapotranspiration. Cette détérioration a été reliée à la persistance de la NAO positive au cours de cette phase.

Concernant les futurs changements climatiques au Maroc, les modèles prédisent un réchauffement probable de la région du moyen Atlas de l'ordre de +4°C à +5°C durant le XXIe siècle. La tendance générale des précipitations serait une baisse estimée autour de -25 % pour la fin du siècle. Des sécheresses de plus en plus récurrentes sont à redouter.

Au Maroc comme dans les autres pays du Maghreb et du pourtour méditerranéen, les conséquences de ces changements climatiques seront plus au moins néfastes. Le meilleur moyen pour s'en sortir est le développement des énergies renouvelables (comme l'énergie éolienne et l'énergie solaire) et encourager la recherche de nouveaux carburants (notamment les biocarburants). Le Maroc présente d'énormes potentialités dans ces domaines. Le Maroc doit encourager financièrement (par des incitations fiscales par exemple) le secteur éolien et solaire.

Lexique :

ALSDB : African lake status data bank : la nouvelle compilation des données des lacs d'Afrique.

B.P : Beford present : avant le présent.

CC : Changement (s) Climatique (s).

CCNUCC : Convention Cadre des Nations Unies sur les Changements Climatiques.

CFC : Chlorofluorocarbone.

CLIVAR: Climate variation program (projet des variations climatiques).

DMG: Dernier máximum glaciiare.

ENSO: El Nino Southern Oscillation (Oscillation sud El Nino).

GCM : modèles de circulation générale (MCG).

GES : Gaz à Effet de Serre

GIEC : Groupe intergouvernemental d'experts sur l'évolution du climat.

HFCs : Hydrofluorocarbones.

IGBP: International Geosphere Biosphere Program (le programme international géosphère biosphère).

IF : Infrarouge

IPCC: Intergovernemental Panel on climate Change.

ITCZ : Intertropical convergence zone (zone de convergence intertropicale : ZCIT)

LGM : Late glacial maximum (dernier maximum glaciaire : DMG)

MDP : Mécanisme pour un Développement Propre.

MG : Maximum glaciaire (glacial maximum : GM).

NAO : North Atlantic Oscillation (Oscillation Nord Atlantique).

OMM: Organisation Météorologique Mondiale.

OLLDB : Oxford lake level data bank : la banque des données des lacs d'Oxford.

PFCs : Perfluorocarbones.

PAGES: Past global change project (Changements globaux passés).

PANACH: Paléoclimats des hémisphères Nord-Sud.

PCM : Programme mondiale du climat (Word climate Program).

PEP : Programme Pôle-équateur-Pôle (transect I, II et III)

PNUE : Programme des nations unies pour l'environnement.

SST : Sea surface temperature : température des eaux de surface.
UV : ultraviolet.

Unités :

Ga : milliards d'années.

Gt : Gigatonne (10^9 tonnes). GtC : Gigatonne de carbone.

Ka = 1000 ans (soit 1 ka).

Ma : millions d'années.

Mt : millions de tonnes.

ppmv: Partie par million en volume « équivaut à 1 millionième de la pression atmosphérique ».

ppbv : partie par billion en volume.

Références bibliographiques :

Achhal A., Barbero A., M'hirit O., Peyere P., Quezel P. & Rivas-martinez S., 1980. A propos de la valeur bioclimatique et dynamique de quelques essences forestières au Maroc. *Ecol. Méd*, 5, 211-249.

Agoumi, A,. & Debbarh, A., 2005. Ressources en eau et bassins versants du Maroc : 50 ans de développement (1955- 2005). *In* : 50 ans de développement humain et perspectives 2025 : Cadre naturel, environnement et territoires. Éditeurs :Agoumi A. *et al,* 9-58. A consulter sur l'URJ : http://www.rdh50.ma/fr/pdf/contributions/GT8-1.pdf.

AL Bazzaz (Mohamed al amine) : « L'histoire des épidémies et des famines au Maroc aux XVIII et XIXème siècle. Uniersité Med V, publications de la faculté des lettres et sciences humaines –Rabat. Série Rassael & Otrouhat n° 18, 1vol, 429 page ; 1992.

Alexandre, P., 1987. Le climat en Europe au Moyen Age. Editions de l'Ecole des Hauts Etudes en Sciences Sociales, Paris.

Alimen, H., 1976. Alternances "pluvial-aride" et "erosion- sedimentation" au Sahara nord- occidental. *Revue de Geographie physique et de Geologie dynamique* 18 :301-311.

Barbero A., Quezel P. & Rivas-martinez S., 1981. Contribution à l'étude des groupements forestiers et préforestiers du Maroc. *Phytocoenologia*, 9(3), 311-412.

Bard, E., Hamelin, B., Fairbanks, R.G., and Zindler, A., 1990. Calibration of the 14C timescale over the past 30,000years using mass spectrometric U-Th ages from Barbados corals. *Nature*, 345:405-410.

Barker, P., 1990. Diatoms as palaeolimnology indicators: a reconstitution of late Quaternary environments in two East African salt lakes. PhD. Loughborough University of Technology, 267p.

Barker, P.A., Roberts, N., Lamb, H.F., Van der Kaars, S & Benkaddour, A., 1994. Holocene Lake Level change interpreted from diatom assemblages in lake Sidi Ali, Middle Atlas, Morocco. *Journal of Paleolimnology* 12: 223-234.

Barnola, J.M., Raynaud, D., Korotkevich, Y.S., and Lorius, C., 1987. Vostok ice core provides 160,000-year record of atmospheric CO_2. *Nature*, 239 n°6138: 408-414.

Beltrando, G., 1990. Variabilité interannuelle des précipitations en Afrique Orientale (Kenya, Ouganda, Tanzanie) et relation avec la dynamique de l'atmosphère. Université Aix-Marseille II, Thèse de Doctorat Sciences, 1 vol : 223p.

Benabid A., 1982. Bref aperçu sur la zonation altitudinale de la végétation climacique du Maroc. *Ecologia mediterranea*. T. VIII. Fasc.1/2, 301-315.

Benabid A., & Fennane M., 1994. Connaissances sur la végétation du Maroc Phytogéographie, phytosociologie et séries de végétation. *Lazaroa* 14, 21-97.

Benabid, A., 1996. Forest degradation in Morocco. In "The north African environment at risk", W.D., Swearinge, et A., Bencherifa, eds. (Boulder: Westview press), 175-189.

Benabid, A., 2006. Flore et végétation. Dans Inventaire de la biodiversité : rapport de synthèse, F. Cuzin, ed. (Azrou: Service Provincial des Eaux et Forêts), 6-25.

Benkaddour, A., 1993. Changements hydrologiques et climatiques dans le moyen Atlas marocain: Chronologie, minéralogie, géochimie isotopique et élémentaire des sédiments lacustre de Tigalmamine. Thèse de doctorat, Université de Paris-Sud, 1 volume, 156 p.

Berger, A., Gallée, H., Fichefet, Th., Marsiat, I., Tricot, Ch., 1988. Testing the astronomical theory with a physical coupled climate-ice sheets model. Scientific report 1988/3, Institut d'Astronomie et de géophysique G. Lemaître, Université catholique de Louvain-la-Neuve.

Berger, A., 1992. Le climat de la Terre. Un passé pour quel avenir ?. De Boeck-Wesmael, s.a, édition. Belgique. 479 pages.

Berger, A & France Loutre, M., 2004. Théorie astronomique des paléoclimats. C. R.A.S, Géosciences, Vol 336. 7-8 : 701-709.

Bergren, W.A., and Van Couvering, J.A., 1974. Late Neogene: biostratigraphy, geochronology and paleoclimatology of the last 15 millions years in marine and continental sequences. *Paleo-geography-climatology, ecology*, 16 (1/2): 1-216.

Berrada, M., 1996. L'évolution morphologique du littoral des Chtouka-Ouest (Maroc) depuis l'Ouljien. Thèse, Université de Nancy II, 231 p.

Boix, Ch., 1949 : Années de disette, années d'abondance : sécheresse et pluies au Maroc ; in Revue des calamités, Genève, 1949.

Bonnefille, R., Chalié, F., Guiot, J., and Vincens, A., 1992. Quantitative estimates of Full Glacial Temperatures in Equatorial Africa from palynological data. *Climate Dynamics*, 6: 251-257.

Boudad, L., Kabiri, L., Weisrock, A., Wengler, L., Fontugne, M., El Maataoui, M., Makayssi, A., & Vernet, J-L., 2003. Les formations fluviatiles du Pléistocène supérieur et de l'Holocène dans la « plaine » de Tazoughmit (Oued Rheris, piémont sud-atlasique de Goulmima, Maroc). *Quaternaire*, 14 (3) : 139-154.

Boudad, L. 2004. Les formations sédimentaires du Quaternaire Terminal du Tafilalt (Sud-Est du Maroc) : Géochronologie, Stratigraphie et Paléoenvironnement. Thèse de doctorat d'Etat. Université Moulay Ismail, 1 volume, 250p.

Broecker, W.S., & Denton, G., 1989. The role of ocean-atmosphere reorganizations in glacial cycles. *Geochem. Cosmochim. Acta*, 53: 2465-2501.

Budyko, M.I., 1969. Effect of solar radiation variartions on the climate of Earth. Tellus, 21 n° 5: 611-620.

Butzer, K.W., Isaac, G.L., Richardson, J.L and Washbourn-Kamau, C., 1972. Radiocarbon dating of east African lake levels. *Science* 175 : 1069-1076.

Campy, M., et Chaline, J., 1987. Le quaternaire, un concept dépassé ? une étiquette périmée ? ou une période privilégiée ? INQUA Newsletter n°8,striolae 1987 :1, 7-12.

Chbouki, N, Stockton, C.W., and Meyers, D., 1995. Spatio-temporal patterns of drought in morocco. *International Journal of Climatology*, Vol. 15: 187-205.

Cheddadi, R. Taieb, M., Ortu, E. and Damnati, B., 2002. Preliminary palynogical results from Lake Ifrah, Middle Atlas, Morocco. Symposium "Pollen databases: where are we going?". Casablanca (Maroc), 5-6 Octobre.

Cheddadi, R., Taieb, M., Damnati, B., Ortu, E., Guiot, J., and Lamb, H., 2004. Climate changes since the last glacial maximum in Morocco and predicted impact on the Mediterranean ecosystems. *In Leroy S. and Costa P. (Eds). Environmental catastrophes in Mauritania, the desert and the coast*: 39-43.

Chivas, A.G., de Dekker, P., Shelley, J.M., 1986. Magnesium content of non –marine ostracods shells: a new palaeosalinometer and palaeotermometer. *Palaeogeography-climatology-ecology*, 54: 43-61.

Code-Gaussen, G., 1996. Palaeoclimates of Northwest Africa (28-35°N) about 18 000 yrBP., based on continental eolian deposit. *Quaternary Research*, 46: 118-126.

Damnati, B., Taieb, M., and Williamson, D., 1992. Laminated deposits from Lake Magadi (kenya). Climatic contrast effet during the maximum wet period between 12,000-10,000 yr B.P.- *Bul.S.G. France*, n°4: 407-414.

Damnati, B., 1993a. Sedimentology and geochemistry of lacustrine sequences of the Upper Pleistocene and Holocene in intertropical area (Lake Magadi and Green Crater Lake): paleoclimatic implications. *Journal of African Earth Sciences*, Vol. 16, N° 4: 519-521.

Damnati, B, 1993b. Sédimentologie et géochimie de séquences lacustres du pléistocène supérieur et de l'holocène en région intertropicale (lac Magadi et Green Crater Lake): implications paléoclimatiques. Université d'Aix Marseille II: Thèse de Doctorat, 1 volume: 239p.

Damnati, B., Decobert, M., Taieb, M., & Williamson, D., 1994 -Caractéristiques sédimentologiques et géochimiques des sédiments d'interface au Green Crater Lake (Kenya)- *CILEF4. Hydroécologie Appliquée*, Tome 2: 9p.

Damnati, B., & Taieb, M., 1995 - Solar and ENSO signature in laminated deposits from lake Magadi (Kenya) during the Pleistocene/ Holocene transition.- *Journal of African Earth Sciences*, vol 21, N° 3: 373-382.

Damnati, B., & Taieb, M., 1996- Evolution hydrologique à l'Holocène (7400-0 ans B.P) au lac Sonachi, Kenya- *C.R. Acad. Sci.*Paris. Tome 322-Serie IIa- n° 2: 141-148.

Damnati, B., 1997. Les variations paléoclimatiques et environnementales en Afrique depuis 30000 ans B.P. Université d'Aix Marseille II. Thèse d'habilitation à diriger des recherches, volume 1:304p; volume 2: annexes 2:144p.

Damnati, B., 1998. The modern sediment of lake Sonachi (Green Crater Lake, Kenya). *Palaeoecology of Africa*. Vol 42, 162-170 ;

Damnati, B., 2000. Holocene lake records in northern Hemisphere of Africa. .- *Journal of African Earth Sciences*. Vol 31, n°2 : 253-262.

Damnati, B., & Taieb, M., 2003. La sédimentation sub-actuelle dans le lac Iffir (Moyen Atlas, Maroc): Résultats préliminaires. *Notes et Mém. Serv. Géol.* Maroc, n° 452 : 301-306.

Damnati, B., 2009. Données lacustres et reconstitution du climat en Afrique Nord hémisphère depuis le dernier maximum glaciaire jusqu'à l'Actuel. *AGR*, Vol 16, N°1 : 49-59.

Damnati, B ; Etebaai, I., Reddad, H., Benhardouz, H., Benhardouz, O., Miche H., and Taieb, M., 2012. Recent environmental changes and human impact since mid-20th century in Mediterranean lakes: Ifrah, Iffer and Afourgagh, Middle Atlas Morocco. *Quaternary international.262 : 44-55.*

Damnati, B., Benhardouze, H. & Guibal,F , 2014. Reconstitution du climat en se basant sur la dendroclimatologie: etude preliminaire du cas du cedre de l'atlas (moyen atlas marocain). Actes RQM6 : 97-102

Daniau, A.L., Sánchez-Goni, M.F., Beaufort, L., Laggoun-Défarge, F., Loutre, M.F., and Duprat, J., 2007. Dansgaard–Oeschger climatic variability revealed by fire emissions in southwestern Iberia. Quaternary Science Reviews, 26, 1369-1383.

Dansgaard, W., Johnsen, S.J., Clausen, H.B., Dahl-Jensen, D., Gundestrup, N., Hammer, C.U., and Oeschger, H., 1984. North Atlantic climatic oscillations revealed by deep Greenland ice core. In : "Climate Processes and climate Sensitivity", J.E. Hansen et T. Takabashi (Eds), 288-298., Geophysical Monograph 29, Maurice Ewing volume 5, American Geophysical Union, Washington D.C.

De Beaulieu, J.L., et Suc, J.P., 1985. Les pollens et l'histoire de la végétation. Histoire et Archéologie, 93: 67-73.

De Jong, J., 1988. Climatic variability during the past 3 million years, as indicated by vegetational evolution in northwest Europe and with emphasis on data from the Netherlands. Phil. Trans. R. Soc. London, B318 : 603-617.

Deshler, T., Johnson, B.J and Rozier, W.R., 1993. Balloon borne measurements of Pinatubo aerosol during 1991 and 1992 at 41°N: vertical profiles, size distribution and volatility. Geophysical research letter, vol 20, n°14: 1435-1438.

Diaz, H. F., and G. N. Kiladis, 1992: Atmospheric teleconnections associated with the extreme phases of the Southern Oscillation. In *El Niño: Historical and Paleoclimatic Aspects of the Southern Oscillation*, H. F. Diaz and V. Markgraf (Eds.), Cambridge University Press, 7-28.

Dubar, C., 1988.Eléments de paléohydrologie de l'Afrique Saharienne: les dépôts quaternaires d'origine aquatique du Nord-Est de l'Aïr (Niger; PALHYDAF secteur 3), Thesis, Univ. Paris-Sud.

Duplessy, J.C., Arnold, M., Maurice, P., Bard, E., Duprat, J., and Moyes, J., 1986. Direct dating of the oxygen-isotope record of the last deglaciation by 14C accelerator mass spectrometry. *Nature*, 320 n° 6060: 350-352.

Duplessy, J.C ; Morel, P., 1990. Gros temps sur la planète. Ed Odile Jacob, Paris. France. 296p.

Dutton, E.G and Christy, J.R., 1992. Solar radiation forcing at selected locations and evidence for global lower tropospheric cooling following the eruption of El Chichon and Pinatubo. Geophysical research letter, vol 19, n°23: 2313-2316.

El Hamouti, N. 1989. Contribution à la reconstitution de la paléohydrologie et de la paléoclimatologie du Maghreb et du Sahara au Quaternaire supérieur à partir des diatomées. Thesis Université Paris XI: 299p.

El Hamouti, N., Lamb, H., Fontes, J.C., and Gasse, F., 1991. Changements hydroclimatiques abrupts dans le moyen Atlas marocain depuis le dernier maximum glaciaire. *C. R. Acad. Sci.* Paris, t. 313, Série II, 259-265.

El Hamouti, N., 2003. Changements hydrologiques et climatiques dans le moyen Atlas marocain à partir de l'étude des diatomées du site de Tigalmamine. Thèse de doctorat d'Etat., Université Mohamed I, Faculté des Sciences d'Oujda, 1 volume, 345 p.

Emiliani, C.R.W., 1955. Pleistocene temperature. *J. Geol.* 63(6): 538-578.

Etebaai, I., 2009. L'environnement actuel et le fonctionnement hydroclimatique de quelques systèmes lacustres dans le Moyen Atlas marocain : cas des lacs Iffer, Ifrah et Affourgah. Thèse de doctorat. Université Abdelmalek Essaadi. Faculté des Sciences et Technique de Tanger. 1 vol. 344 p.

Etebaai, I., Damnati , B., Reddad , H., Benhardouz, H., Benhardouz, O., Miche, H., & Taieb, M., 2012. Impacts climatiques et anthropiques sur le fonctionnement hydrogéochimique du Lac Ifrah (Moyen Atlas marocain).Hydrological Sciences Journal. 57(3) : 547-561.

Ezzahiri, M. et Belghazie, B., 2000. Synthèse de quelques résultats sur la régénération naturelle du cèdre de l'Atlas au Moyen Atlas (Maroc). *Sécheresse* vol.11 (2), 79-84.

Faure, H & Denard-Faure, L., 1997. Recherches archéologiques françaises et franco-africaines conduites dans les pays du champ d'intervention du Ministère de la Coopération française en Afrique. Bilan (1984-1996) Groupe de Travail sur la recherche archéologique en Afrique francophone et lusophone, mars 1997, DIFON CNRS, p.73-83.

Fontes, J.C., and Gasse, F., 1991. Palhydaf (Palaeohydrology in Africa) program: objectives, methods, major results. *Palaeogeography, Palaeoclimatology, Palaeoecology*, 84, 191-215.

Frakes, L.A., 1979. Climates throughout geologic time. Elsevier Sc. Publishing Co., Amsterdam.

Fritts, H.C., 1976. Tree Rings and climate. Academic Press London, New York.

Gasse, F., and Street, F.A., 1978. Late Quaternary lake level fluctuations and environments of the northern rift valley and Afar region (Ethiopia and Djibouti). Pal 3, 24: 279-325.

Gasse, F., Rognon, P., Street, F.A., 1980. Quaternary history of the Afar and Ethiopian Rift lakes. In The Sahara and the Nile: Quaternary environments and prehistoric occupation in northern Africa; M.A.J. Williams and H. Faure, eds, 361-400. Balkema, Rotterdam.

Gasse, F., Lédée, V., Massault, M., and Fontes, J.C., 1989- Water-level fluctuations of lake Tanganyika in phase with oceanic changes during the last glaciation and deglaciation.- *Nature*, 342: 57-59.

Gasse, F., Téhet, R., Durand, A., Elisabeth, G., and Fontes, J.C., 1990. The arid-humid transition in the Sahara and the Sahel during the last deglaciation. *Nature*. vol 346, 141-146.

Gasse, F., and Fontes, J.C., 1992. Climatic changes in Nothwest Africa during the last deglaciation (16-7 ka BP). NATO ASI Series, Vol. I 2: The Last Deglaciation: Absolute and Radiocarbon Chronologies. Edited by E. Bard and W.S. Broecker, Berlin, 295-325.

Gasse, F., and Van Campo, E., 1994. Abrupt post-glacial climate events in West Asia and North Africa monsoon domains. *Earth and Planetary Science Letters*, 126: 435-456.

GIEC, 2007. Bilan 2007 des changements climatiques. Contribution des Groupes de travail I, II et III au quatrième Rapport d'évaluation du Groupe d'experts intergouvernemental sur l'évolution du climat [Équipe de rédaction principale, Pachauri, R.K. et Reisinger, A. GIEC, Genève, Suisse, 103 pages.

Giresse, P., Maley, J., and Kelts, K., 1991. Sedimentation and palaeoenvironment in crater lake Barombi Mbo, Cameroon, during the last 25,000 years. Sedimentology Geology, 71, 151-175.

Guibal, F., 1984. Contribution dendroclimatologique à la connaissance de la croissance du cèdre de l'Atlas dans les reboisements du sud-est de la france. Thèse Doct. 3ème cycle. Université d'Aix-Marseille III, 123 p.

Guibal, F., 1985. Dendroclimatologie du cèdre de l'Atlas (cedrus atlantica Manetti) dans le sud-est de la France. *Ecologia Méditérranea*, T XI (4), 87-103.

Guiot, J., Pons, A., de Beaulieu, J.L., and Reille, M., 1989. A 140,000 years continental climate reconstruction from two European pollen records. *Nature*, 338: 309-313.

Hansen, J., Lacis, A., Redy, R., and Sato, M., 1992. Potential climate impact of Mount Pinatubo eruption. Geophysical research letter, vol 19, n°2: 215-218.

Hastenrath, S., and Kutzbach, J.E., 1983. Paleoclimatic estimates from water and energy budgets of East African lakes. *Quaternary Research* 19, 141-153.

Haynes, C.V., and Haas, H., 1980. Radiocarbon evidence for Holocene recharge of goundwater, Western Desert, Egypt. *Radiocarbon* 22, 705-717.

Haynes Jr, C.V., Eyles, C.H., Pavlish, L.A., Ritchie, J.C., and Rybak, M., 1989. Holocene palaeoecology of the eastern Sahara: Selima Oasis. *Quaternary Sciences Reviews*, vol 8, 109-136.

Hooghiemstra, H., Bechler, A. and Beug, H.J., 1987. Isopollen maps for 18,000 yr B.P. of the Atlantic offshore of northwest Africa: evidence for paleo-wind circulation. *Paleoceanography,* 2: 561-582.

Imbrie, J., and Kipp, N.G., 1971. New micropaleontological method for quantitative paleoclimatology: application to a Late Pleistocene Carebbaen core. In: "Late Cenozoic Glacial Ages" K.K. Turekian (Ed), 71-181, Yale University Press, New York.

Imbrie, J., McIntyre, A., Mix, A., 1988. Oceanic response to orbital forcing in the late Quaternary : observational and experimental strategies. In : "Climate and Geo-Sciences", A. Berger, S. Schneider, J.Cl. Duplessy (Eds), Kluwer academic publishers.

Jolly, D., Harrison, S.P, Damnati, B., and Bonnefille, R., 1998. Simulated climate and biomes of Africa during the late quaternary: Comparison with pollen and lake status data- *Quaternary Science Reviews*..vol 17 : 629-657.

Kutzbach, J.E., 1980. Estimates of past climate at paleolake Chad, North Africa, Based on a Hydrological and Energy-Balance Model. *Quaternary Research* 14, 210-223.

Kutzbach, J.E and Street-Perrott, F.A., 1985. Milankovitch forcing of fluctuations in lake level of tropical lake from 18 to 0 Kyr B.P. *Nature,* 317: 130-134.

Kutzbach, J.E., Guetter, P.J., Behling, P.J and Selin, R., 1993. Simulated climatic changes: results of the COHMAP Climate-model experiments. In: Wright, H.E. Jr., Kutzbach, J.E., Webb, T III, Ruddiman, W.F., Street-Perrott, F.A. and Bartlein, P.J. (Eds), Global Climates since the Last Glacial Maximum, pp 24-93. University of Minnesota Press.

Kukla, G., 1975. Loess stratigraphy of central Europe. In « After the Australipotheines », K.W. Butzer and G.L.L.Isaac (Eds), 99-188, Mouton Publ., The Hague, NL.

Kukla, G., 1987. Loess stratigraphy in central china. *Quart. Sc. Rev*, 13: 307-374.

Lamb., H.H., 1972, 1977. Climate, Present, past and future. Vol 1, 1972, Fundamentals and climate Now ; vol 2, 1977, Climatic History and the future, Methuen and Co Ltd, London.

Lamb, H., Gasse, F., Benkaddour, A., El Hamouti, N., Van der Kaars, S., Perkins, W.T., Pearce, N.J., & Roberts, C.N., 1995. Relation between centry-scale Holocene arid intervals in tropical and temperate zones. *Nature*, 373: 134-137.

Lamb, H., Roberts, N., Leng, M., Barker, P., Benkaddour, A., & Van der Kaars, S., 1999. *Journal of Paleolimnology* 21: 325-343.

Lamhamdi, M., et Chbouki, N., 1994. Les principaux facteurs influençant la régénération naturelle du cèdre de l'Atlas Cedrus atlantica (Manetti). *Annales des Recherches Forestières du Maroc* 27(spécial), 244-257.

Laouina, A., et Watfeh, A., 1993. Le littoral de Salé et de la Mamora : les héritages et la morphodynamique. In : Aménagement littoral ouest et évolution des côtes. M. Berriane et A. Laouina édit. Comité Nat. Geog. Maroc, Rabat, 53-64.

Lecompte, M., 1986. Biogéographie de la montagne marocaine: le Moyen-Atlas central. Vol. 3. CNRS.

Le Poutre B., et Pujos A., 1964. Facteurs climatiques déterminant les conditions de germination des plantules de cèdre. *Ann. Forest. Maroc*, Tome 7, 23-54.

Leroux,M., 1983. Le climat de l'Afrique tropicale. - Thèse d'Etat, 1980, Dijon - 2 tomes, Ed. Slatkine / OMM, Genève.

Le Roy Ladurie, E., 1983. Histoire du climat depuis l'an mil. Vol I et II, Flammarion, n° édition 9736, France.

Lézine, A.M., 1989. Late quaternary vegetation and climate of the Sahel. *Quaternary*

Research, 32: 317-334.

Lezine, A.M., and Casanova, J., 1989. Pollen and Hydrological evidence for the interpretation of past climates in tropical West Africa during the Holocene. *Quaternary Sciences Reviews*, vol 8, 45-55.

Lezine, A.M., Casanova, J., Hillaire-Marcel, C., 1990. Across an early Holocene humid phase in western Sahara: Pollen and isotope stratigraphy. *Geology*, 18, 264-267.

Lezine, A.-M. Turon, J.-L. Buchet, G. 1995. Pollen analyses off Senegal: evolution of the coastal palaeoenvironment during the last deglaciation. JOURNAL OF QUATERNARY SCIENCE, VOL 10; NUMBER 2, pages 95.

Lezine, A.-M. 1996. The West African mangrove: an indicator of sea-level fluctuations and regional climate changes during the last deglaciation. BULLETIN-SOCIETE GEOLOGIQUE DE France, VOL 167; NUMBER 6, pages 743-752.

Lezine, A.M., 2008. Le pollen: outil d'étude de l'environnement et du climat au Quaternaire. Société Géologique de France, Vuibert 118 p.

Lorius, Cl., Barkov, N.I., Jouzel., J., Korotkevitch, Y.S., Kotlyakov, V., M., and Raynaud, D., 1988. Antarctic ice core : CO_2 and climatic change over the last climatic cycle. EOS, 69 n° 26, 681 : 681-684.

Ludlum, D.M., 1966. The history of American Weather-Early American winters 1604-1820. American Meteorological Society, Boston, Mass., 285p.

Ludlum, D.M., 1989. Bad weather and the Bastille. *Weatherwise* 42 n°3: 141-142.

Maley, J. 1987. Fragmentation de la forêt dense humide ouest-africaine et extension d'une végétation montagnarde à basse altitude au Quaternaire récent: implications paléoclimatiques et biogéographiques. *Géodynamique* 2 (2), 127-160.

Maley, J., Livingstone, D.A., Giresse, P., Brenac, P., Kling, G., Stager, C., Thouveny, N., Kelts, K., Haag, M., Fournier, M., Bandet, Y, Williamson, D. and Zogning, A., 1991. West Cameroon Quaternary lacustrine deposits: preliminary results. *Journal of African Earth Sciences,* Vol 12, 147-157.

Martin, J., 1981. Le Moyen-Atlas Central : étude géomorphologique. Notes et mémoires du Service Géologique du Maroc 258 bis, 445p.

M'Hirit O., 1982. Etude écologique et forestière des cédraies du Rif marocain. Essai sur une approche multidimensionnelle de la phytoécologie et de la productivité du Cèdre (Cedrus atlantica Manetti). *Annales de la recherche forestière au Maroc*, Tome 22.

M'Hirit O., 1994a. Le cèdre de l'Atlas (Cedrus atlantica Manetti). Présentation générale et état des connaissances à travers le réseau Silva Mediterranea « Le CEDRE ». *Ann. Rech.For.Maroc* T(27) (spécial), 3-21.

M'Hirit O., 1994b. Croissance et productivité du cèdre: Approche multidimensionnelle de l'étude des liaisons stations productions. *Ann. Rech.For.Maroc* T(27) (spécial), 295-312.

Mokrim, A., et Chbouki, N., 1993. Dynamique de la croissance radiale du cèdre : apport de la dendrochronologie. *Annales des Recherches Forestières du Maroc* 27(spécial), 188-203.

Moorbath, S., O'Nions, R.K., and Pankhurst, R.J. 1975. The evolution of Early Precambrian crustal rocks at Iua, West Greenland, geochemical and isotopic evidence. *Earth and planet. Sc. Lett.*, 27: 229-239.

Munaut, A.V., 1978. La dendrochronologie, une synthèse de ses méthodes et applications. Leujeunia, nouvelle série n°91, 1-47.

Naciri, M., 1990. Calamités naturelles et fatalité historique. *Sécheresse*, 1 :11-16.

Nahid, A., 2001. Le quaternaire continental marocain. Tome 1. Imprimerie Papeterie Al Watanya. 176p.

Neumann, J., and Flohn, H., 1988. Great historical events that were significantly affected by the weather: part 8 Germany's war on the Soviet Union, 1941-45. II. Some important weather forecasts, 1942-45. BAMS, 68 n° 7: 730-735.

Neumann, J and Dettwiller, J., 1990. Great Historical events that were significantly affected by the weather: part 9, the year leading the revolution of 1789 in France (II). Bulletin of American Meteorology Society, 71 (1): 33-41.

Oeschger, H., Beer, J., Siegenthaler, U., Stauffer, B., Dansgaard, W., and Langway, C.C., 1984. In:"Climate processes and climate sensitivity" , J.E. Hansen and T. Takashi (Eds), 299-306, AGU, *Geophys, Monogr.* 29.

Oeschger, H., and Eddy, J.A., 1989. Global change of the past. The international Geosphere-Biosphere programme: A study of global change of the international council of scientific union.IGBP, Global Change Report n°6, IGBP Secretary, Stockholm, Sweden.

Pachur, H.N, and Kröpelin, S., 1987. Wadi Howar: Paleoclimatic evidence from an extinct river system in the southeastern Sahara. *Science* 237, 298-300.

Pachur, H.N, and Hoelzmann, P., 1991- Paleoclimatic implications of late Quaternary lacustrine sediments in Western Nubia, Sudan.- *Quaternary research*, 36: 257-276.

Partridge, T.C., Avery, D.M., Botha, G.A., Brink, J.S., Deacon, J., Herbert, R.S., Maud, R.R., Scholtz, A., Scott, L., Talma, A.S., & Vogel, J.C., 1990. Late Pleistocene and Holocene climatic change in Southern Africa. *South African Journal of Science*, 86: 302-306.

Partridge, T.C., Kerr, S.J., Meltcafe, S.E., Scott, L., Talma., A.S., and Vogel, J.C., 1993. The Pretoria Saltpan: a 200,000 year southern African lacustrine sequence. *Pal 3*, 101: 317-333.

Petit-Maire, N., Fabre, J., Carbonel, P., Schulz, E., Aucour, A.M., 1987. La depression de Taoudenni (Sahara malien) a l'Holocene. Geodynamique 2, 61-67.

Petit-Maire, N., 1988. Taoudenni basin (Mali), Holocene Palaeolimnology and environments. *Würzb. Geogr. Arb.*, 69, 45-52.

Petit-Maire, N., and Riser, J., 1988. Le Sahara á l'Holocene: Mali. Paris, C.C.G.M., Institut Géographique National. 1 carte 1/1 000 000.

Petit-Maire, N., 1989. Interglacial environments in presently hyperarid Sahara : paleoclimatic implications. In : Palaeoclimatology and Palaeometeorology. Modern and past patterns of global atmospheric transport. M. Leinen, M. Sarnthein (Eds.) Kluwer. Dordrecht : 637-661.

Petit-Maire, N., 1991. Environnements et climats de la ceinture tropicale nord-africaine depuis 140 000 ans. Bull. Soc. Géol. Fr.

Petit-Maire, N., Burollet, P.F., Ballais, J.L, Fontugne, M., Rosso, J.C., and Lazaar, A., 1991. Paléoclimats Holocènes du Sahara septentrional. Dépôts lacustres et terrasses alluviales en bordure du Grand Erg Oriental à l'extrême-Sud de la Tunisie. *C. R. Aca. Sci.* Paris, t. 312, Série II, 1661-1666.

Pfister, Ch., 1988. Variation in the spring-summer climate of central Europe from the high middle ages to 1850. In: "Long and short Term Variability of climate", H. Wanner and U. Seigebthaler (Eds), 57-82, Springer Verlag, Berlin.
Pourriot et Meybeck, 1995

Pujos, A., 1966. Les milieux de la cédraie Marocaine, étude d'une classification des cédraies du Moyen Atlas et du Rif en fonction des facteurs du sol et du climat et de la régénération naturelle dans ces peuplements. *Annales de la recherche forestière au Maroc*, 1-323.

Reddad, H., 2012. Reconstitution du climat au Maroc en se basant sur l'étude des paramètres lacustres (sédimentologiques, géochimiques et écologiques) pendant les derniers 21000 ans calendaires. Thèse de doctorat. Univ Abdelmalek Essaadi. Faculté des Sciences et Techniques de Tanger. 1 vol. 264p.

Reddad,, H., Etebai, I., Rhoujati, A., Taieb, M., Thevenon, F., and Damnati. B., 2013. Fire activity in North West Africa during the last 30,000 cal years BP inferred from a charcoal record from Lake Ifrah (Middle atlas–Morocco): climatic implications. JAES, 84 : 47-53.

Rhoujjati, A., 2007. Les variations paléoclimatiques et paléoenvironnementales depuis 21.000 ans BP. Jusqu'à présent dans le Moyen Atlas marocain : cas des lacs Ifrah et Iffer (région d'Ifrane). Thèses de Doctorat d'Etat, 186 p. Univ Chouaib Doukkali, F Sc El Jadida, Maroc.

Ritchie, J.C., Eyles, C.H., and Haynes, C.V. 1985. Sediment and pollen evidence for and early to mid-Holocene humid period in the eastern Sahara. *Nature*, 314, n°6009, 352-355.

Roberts, N., Taieb, M., Barker, P., Damnati, B., Icole, M., & Williamson, D., 1993. High resolution record of terminal pleistocene climatic oscillation in the tropics, from lake Magadi, Kenya. *Nature*, Vol, 366: 146- 148.

Rognon, P., 1987. Late Quaternary climatic reconstitution for maghreb (North Africa). *Pal 3*, 58 : 11-34.

Rognon, P., Coudé-Gaussen, G., Bergametti, G. and Gomes, L. 1989. Relationships between the characteristics of soil, the wind energy and dust near the ground, in the western sandsea (NW Sahara). In: Paleoclimatology and paleometeorology: modern and past patterns of global atmospheric transport (NATO ASI Series C, Vol. 282) led. M. Leinen and M. Sarnthein). Kluwer Academic Publishers, Boston, 167-184.

Rognon, P., & Code-Gaussen, G., 1996. Changements dans les circulations atmosphériques et océaniques à la latitude des Canaries et du Maroc entre les stades isotopiques 2 et 1. *Quaternaire*, 7 : 197-206

Rosenberger (B) et Triki (H) : « Famines et épidémies au Maroc aux XVI et XVII ème siècle » ; in Hespéris-Tamuda, le partie, vol V., 1974, pp 109-175 ; 2ème partie, vol. VI, 1975, pp.5-103.

Sarnthein, M ; Tetzlaff, G., Koopmann, B., Wolter, K., Pflaumann, U., 1981. Glacial and interglacial wind regimes over the eastern subtropical Atlantic and north-west Africa. Nature 293: 193-196.

Sarnthein, M., and Fenner, J., 1988. Global wind-induced change of deep sea sediment budgets, new ocean production and CO_2 reservoirs. Phil. Trans. R. Soc. London, B318 : 487-504.

Savin, S.M., 1980. Pre-Pleistocene climates. *Nature*, 286 n° 5773: 553-554.

Schweingrupber, F.H., 1988. Tree Rings. D. Reidel Publ. Company, Dordrecht, Holland.

Seret, G., Dricot, E., Wansard, G., 1990. Evidence for an early glacial maximum in the French Vosges during the last glacial cycle. *Nature*, 346 (6283): 453-456.

Servant, M., et Servant-Vildary, S., 1980. L'environnement quaternaire du bassin du Tchad. In : « The Sahara and the Nile » (M.A.J. Williams and H. Faure, Eds), pp 133-162. Blakema, Rotterdam.

Servant, M., J. Maley, B. Turzq, J.-L. Absy, P. Brenac, M. Fournier & M.-P. Ledru. 1993. Tropical forest changes during the Late Quaternary in Africa and South America lowlands. Global Planet. Change 7: 25-40.

Shackleton, N.J., and Opdyke, N.D., 1976. Oxygn isotope and palaeomagnetic of Pacific core V28-239. Late Pliocene to Latest Pleistocene. *Geol. Soc. Of Amer., memoir* 145: 449-463.

Shackleton, N.J., and Opdyke, N.D., 1977. Oxygn isotope and palaeomagnetic evidence for early Northern Hemisphere glaciation. *Nature*, 270 n°5634: 216-218.

Shackleton, N.J., Backman, J., Zimmerman, H.B., Kent, D.V., Hall, M.A., Roberts, D.G., Schnitker, D., Baldauf, J.G., Desprairies, A., Homrighausen, R., Huddlestun, P., Keene, J.B., Kaltenback, A.J., Krumsiek, K.A.O., Morton, A.C., Murray, J.W., and Westberg-Smith, J., 1984. Oxygen isotope calibration of the onset of ice-rafting and history of glaciation in the North Atlantic region. *Nature*, 307: 620-623.

Street, F.A. 1979. Late Quaternary precipitation estimates for the Ziway-Shala basin, S. Ethiopia. *Palaeoecology of Africa* 11, 135-143.

Street-Perrott, F.A., and Roberts, N., 1983. Fluctuations in closed-basin lakes as an indicator of past atmospheric circulation patterns. In: A. Street-Perrott et al. (Editors), Variations in the Global Water Budget. D. Reidel, Dordrecht, pp. 331-345.

Street-Perrott, F.A, Marchand, D.S., Roberts, N., and Harrison, S.P., 1989. Global lake-level variations from 18,000 to 0 years age: United States Department of Energy, Technical Report TRO46, 213p.

Street-Perrott, F.A., Perrott, R.A., 1993. Holocene vegetation, lake levels and climate of Africa. In: Wright, H.E.Jr., Kutzbach, J.E., Webb, T. III, Ruddiman, W.F., Street-Perrott, F.A. and Bartlein., P.J., (eds), Global climates since, the Last Glacial Maximum, pp. 318-356. University of Minnesota Press.

Stuiver, M., 1990. Timescales and telltale corals. *Nature*, 345 : 387-388.

Tabet-Aoul, Mahi, 1999. Changement climatique et risque. Ed Somigraph, Casablanca, 167 p.

Talbot, M.R., and Delibrias, G., 1980. A new late Pleistocene-Holocene water-level curve for Lake Bosumtwi, Ghana. *Earth and Planetary Science Letters*, 47. 336-344.

Talbot M.R., Livingstone, D.A., Palmer, P.G., Maley, J., Melack, J.M., Delibrias, G., and Gulliksen, S., 1984. Preliminary results from sediment cores from Lake Bosumtwi, Ghana. *Palaeoecology of Africa*, 16, 173-192.

Texier, J.P., Lefevre, D., Raynal, J.P., 1992 - La Formation de la Mamora. Le point sur la question du Moulouyen et du Salétien du Maroc Nord-Occidental. Quaternaire, 3 (2), 63 73.

Till, Cl., 1985. Recherche dendrochronologiques sur le cèdre de l'Atlas (Cedrus atlantica) au Maroc. Thèse de doctorat, Université catholique de louvain-la-Neuve.170p.

Velichko.,A., 1987. Relationship of climatic changes in high and low latitudes of teh Earth during the late Pleistocene and Holocene. In "Paleogeography and loess", Velichko A.A (Ed), Budapest, 9-26.

Vernet, R., 1995. Climats anciens du Nord de l'Afrique. Editons l'Harmattan. 180p.

Webb T. III. 1986. Is vegetation in equilibrium with climate? How interpret late-Quaternary pollen data? *Vegetatio*, 67; 75-91.

Weisrock, A., & Berrada, M., 1998. Morphogenèse éolienne littorale au Pléistocène supérieur (Soltanien) et à l'Holocène dans les chtoukas-ouest, Maroc Atlantique, *Quaternaire* 9 (2) : 117-131.

Weisrock, A., 1980. Géomorphologie et paléoenvironnements de l'Atlas atlantique (Maroc). Doc. Etat, Univ. Paris I, 931 p

Weisrock, A, et Miskovsky, J.Cl., 1988. Nouvelles précisions sur le stratotype holocène de Makhfamane (haut-Atlas occidental), *Bull. Assoc. Fr. Et. Quatern*, 205-214.

Weisrock, A., et Fontugne, M., 1991. Morphogenèse éolienne littorale au Pléistocène supérieur et à l'Holocène dans l'Oulja atlantique marocaine. *Quaternaire*, 3-4, 164-175.

Williams, G.E., 1975. Late Pre-Cambrian glacial climate and the Earth's obliquity. *Geol. Mag*, 112: 441-544.

Williamson, D., 1991. Propriétés magnétiques de séquences sédimentaires de Méditerranée et d'Afrique intertropicale. Implications environnementales et géomagnétiques pour la période 30-0 ka B.P.. Université Aix Marseille 2: PhD thesis, 1 volume, 230p.

Williamson, D., Taieb, M., Damnati, B., Icole, M. and Thouveny, N., 1993- Equatorial extension of the Youger Dryas event: evidence from lake Magadi (Kenya). *Global and Planetary Change, 7*: 235-242.

Woillard, G.M., 1978. Grande pile peat bog: a continuous pollen record for the 1st 140,000 years. *Quaternary Research*, 9 n° 1, 1-22.

Zagwijn, W.H, 1985. An outline of the Quaternary stratigraphy of the Netherlands. *Geologie en Mijnbouw*, 64, 17-24.

Sites web à consulter :
www.msc.ec.gc.ca/education/scienceofclimatechange
www.grida.no/climate/ipcc/emission/index.htm
www.msc-smc.ec.gc.ca/ccrm/bulletin/national_f.cfm
www.insu.cnrs-dir.fr/
www.climatechange.gc.ca/french/index.shtml
www.unfccc.int/
www.msc-smc.ec.gc.ca/saib/climate/ccsci_f.cfm
www.grida.no/climate/ipcc_tar/wg1/040.htm
www.ccmaghreb.com.
www.minenv.gov.ma.
www.unfccc.int/portal_francophone/essential_background/kyoto_protocol/text_of_the_kyoto_protocol/items/3275.php
http://www.youphil.com/fr/article/01101-historique-du-changement-climatique?ypcli=ano
http://www.ladocumentationfrancaise.fr/dossiers/changement-climatique/chronologie.shtml

http://jcboulay.free.fr/astro/sommaire/astronomie/univers/galaxie/etoile/systeme_solaire/terre1/paleoclim/page_paleoclim.htm.
Raymond.rodriguez1.free.fr/Documents/Terre-ext/energie_terre.gif
www.ipcc.ch/pdf/assessment-report/. http://www.les-crises.fr/climat-14-milankovitch/
http://la.climatologie.free.fr/glaciation/glaciation.htm

Les rapports et revues à consulter:

Académie des Sciences, *L'effet de serre, Rapport n° 31*– 1994

Groupe intergouvernemental d'experts sur l'évolution du climat (GIEC), *Le changement climatique dimensions économiques et sociales,* Dossiers et débats pour le développement durable, 1995.

Terre marine magazine « temps des climats » n° 13, juin 1997.

Ministère de l'aménagement du territoire de l'eau et de l'environnement, Maroc (MATEE), Département de l'Environnement. *Communication nationale initiale à la convention cadre des nations unies sur les changements climatiques*, Octobre 2001.

Rapports du Groupe intergouvernemental d'experts sur l'évolution du climat (GIEC) :

* Le troisième rapport du groupe I du GIEC "Changement climatique 2001: les bases scientifiques".
* Le troisième rapport du groupe II du GIEC "Changement climatique 2001: impacts, adaptation, et vulnérabilité".
* Le troisième rapport du groupe III du GIEC "Changement climatique 2001: mesures d'atténuation».

Ministère de l'aménagement du territoire de l'eau et de l'environnement, Maroc (MATEE), Département de l'Environnement. *Bilan de l'atelier sur la vulnérabilité et l'adaptation du Maroc face aux changements climatiques,* EHTP, 2002.

Découverte. Hors Série « Le climat se dérègle » n° 17, 2004.
Science et vie. Dossier spécial « la menace climatique » N°1035. Décembre 2003.
Science et vie. « Climat l'équilibre est rompu » N°1061. Février 2006.

ANNEXE 1: Chronologie des évènements en liaison avec le climat
http://www.ladocumentationfrancaise.fr/dossiers/changement-climatique/chronologie.shtml

1824. Le Français Fourier compare l'atmosphère à une serre chaude sur laquelle l'homme peut agir.

1873. Fondation de l'OMI
L'Organisation météorologique internationale (OMI) est fondée à Vienne. Début des observations météorologiques standardisées.

1895. CO_2 et effet de serre
Le chimiste suédois Svante Arrhenius émet l'hypothèse d'un lien entre l'augmentation du taux de CO2 dans l'atmosphère et le renforcement de l'effet de serre.

1896. Selon Arrhenius Le doublement de CO2 dû aux combustibles fossiles réchaufferait la Terre de 4°C.

1920. L'anglais Fry Richardson imagine modéliser le climat à l'aide d'équation et d'un millier d'opérateurs humains pour les résoudre.

1950. Les Américains Charney et Von Neumann font tourner le premier modèle météorologique sur le premier ordinateur de l'histoire.

1957. Premières mesures systématiques du taux de CO2
Les taux de concentration de CO2 dans l'air sont mesurés à Hawaï et en Alaska.

1967. Premières prévisions d'un réchauffement planétaire
Deux scientifiques prévoient le doublement de la concentration de CO2 d'ici le début du XXIème siècle et une élévation de la température moyenne de 2,5 degrés.

1979. Première conférence mondiale sur le climat : Genève
Lancement d'un Programme de recherche climatologique mondial, confié à l'Organisation météorologique mondiale (OMM), au Programme des Nations unies pour l'environnement (PNUE) et au Conseil international des unions scientifiques (CIUS).

1985. Convention de Vienne sur la protection de la couche d'ozone
Les Etats parties s'engagent à protéger la couche d'ozone et à coopérer scientifiquement afin d'améliorer la compréhension des processus atmosphériques.

Septembre 1987. Protocole de Montréal relatif à des substances qui appauvrissent la couche d'ozone
Les Etats parties prennent la décision d'interdire la production et l'utilisation des CFC (Chlorofluorocarbones) responsables de l'amincissement de la couche d'ozone

d'ici à l'an 2000. Des mesures d'ajustement au protocole ont été adoptées à Londres (1990), Copenhague (1992), Vienne (1995), Montréal (1997) et Pékin (1999).

1988. Création du GIEC
Le Groupe intergouvernemental sur l'évolution du climat (GIEC, IPCC en anglais), placé sous l'égide du PNUE et de l'OMM, est chargé du suivi scientifique des processus de réchauffement climatique.

Décembre 1989–janvier 1990. 2ème conférence mondiale sur le climat : La Haye
La conférence réunit 149 pays. Les douze Etats de la CEE (Communauté économique européenne) s'engagent à stabiliser leurs émissions de CO_2 au niveau de 1990 d'ici à 2000. La déclaration finale préconise la mise en place de négociations en vue d'une convention internationale sur les changements climatiques.

1990. Premier rapport du GIEC (Groupe intergouvernemental sur l'évolution du climat)
Le rapport dresse le bilan des connaissances scientifiques sur les changements climatiques et leurs possibles répercussions sur l'environnement, l'économie, la société. Ce rapport a servi de base scientifique à la Convention cadre sur le climat (Rio, 1992).

3-14 juin 1992. Sommet de la terre : Rio de Janeiro (Brésil)
131 chefs d'Etat réunis à Rio adoptent l'Agenda 21, liste de 2500 recommandations d'action pour le 21ème siècle.
La Convention cadre des Nations unies sur les changements climatiques est ouverte à la signature. Son objectif est de stabiliser les concentrations atmosphériques de gaz à effet de serre à un niveau qui empêche toute perturbation humaine dangereuse du système climatique.
Après sa ratification par 50 Etats, la convention est entrée en vigueur le 21 mars 1994.

28 mars-7avril 1995. 1ère conférence des Parties à la Convention sur le climat (COP 1) : Berlin
Adoption du principe des quotas d'émissions de gaz à effet de serre

Décembre 1995. Second rapport du GIEC
Le rapport confirme l'influence des activités humaines sur les changements climatiques et prévoit un réchauffement moyen de 1 à 3, 5 degrés d'ici à 2100 ainsi qu'une augmentation du niveau de la mer de 15 à 95 centimètres.

8-19 juillet 1996. 2ème Conférence des Nations unies sur les changements climatiques : Genève
Les représentants des gouvernements s'engagent à renforcer la lutte contre le réchauffement de la planète, en fixant des objectifs quantifiés légalement contraignants.

23-27 juin 1997. 2ème sommet de la terre : New York
La 19ème session extraordinaire de l'Assemblée générale des Nations unies (dite " Rio +5 ") fait le point sur les engagements pris à Rio cinq ans auparavant, et constate le désaccord entre l'Union européenne et les Etats-Unis sur la réduction des gaz à effet de serre.

1er-12 décembre 1997. 3ème Conférence des Nations unies sur les changements climatiques : Kyoto
Adoption d'un protocole à la Convention sur le climat dit "Protocole de Kyoto". Il engage les pays industrialisés regroupés dans l'annexe B du Protocole (38 pays industrialisés : Etats-Unis, Canada, Japon, pays de l'UE, pays de l'ancien bloc communiste) à réduire les émissions de gaz à effet de serre de 5, 2% en moyenne d'ici 2012, par rapport au niveau de 1990. Sous la pression d'un groupe de pays conduits par les Etats-Unis, des mécanismes de flexibilité sont créés, permettant à un pays de remplir ses obligations non pas en limitant ses émissions mais en finançant des réductions à l'étranger.

2-14 novembre 1998. 4ème Conférence des Nations unies sur les changements climatiques : Buenos Aires.
La conférence est marquée par la confrontation entre les pays en développement et les pays industrialisés, seuls concernés dans un premier temps par la mise en œuvre du Protocole de Kyoto, et adopte un plan d'action destiné à relancer les mesures décidées à Kyoto. Les Etats-Unis tentent d'accélérer la mise en oeuvre des permis d'émission négociables. Ils s'opposent à tout compromis, mais signent le Protocole de Kyoto.

25 octobre-5 novembre 1999. 5ème Conférence des Nations unies sur les changements climatiques : Bonn
Les négociateurs des 163 pays représentés débattent de la mise en œuvre du Protocole de Kyoto de 1997 sur la réduction des gaz à effet de serre, dont l'entrée en vigueur est envisagée lors du prochain sommet de la terre en 2002.

13-24 novembre 2000. 6ème Conférence des Nations unies sur les changements climatiques : La Haye
Les négociateurs des 182 pays représentés échouent à trouver un accord sur la mise en œuvre des mesures adoptées à Kyoto. Confrontation entre les Etats-Unis (et ses alliés : Canada, Australie, Nouvelle-Zélande, Japon) et l'Union européenne (qui plaide contre la prise en compte des puits de carbone, pour que 50% au moins des engagements pris soient réalisés à l'intérieur de chaque pays, pour la création d'une structure supranationale et pour l'instauration de sanctions contre les pays contrevenants).

Janvier 2001. Troisième rapport du Groupe intergouvernemental sur l'évolution du climat (GIEC).

13 mars 2001. Les Etats-Unis renoncent à limiter leurs émissions de gaz à effet de serre.
Le nouveau président des Etats-Unis, G.W. Bush annonce qu'il renonce à la réglementation des émissions de gaz à effet de serre et affirme son opposition au Protocole de Kyoto.

16-27 juillet 2001. 6ème Conférence des Nations unies sur les changements climatiques : reprise des négociations à Bonn
Compromis sur un accord gouvernemental ambigu accordant la prise en compte de puits de carbone supplémentaires pour les Etats-Unis et le Japon.

29 octobre-10 novembre 2001. 7ème Conférence des Nations unies sur les changements climatiques à Marrakech
Traduction juridique des règles de mise en oeuvre du Protocole de Kyoto. Création d'un comité *ad hoc* d'observance. Des moyens techniques et financiers sont débloqués en faveur des pays en développement.

31 mai 2002. L'Union européenne et ses 15 Etats membres ratifient le Protocole de Kyoto.

14 février 2002. Programme alternatif proposé par les Etats-Unis
Le Président Bush propose des mesures d'incitations fiscales à l'investissement et à l'utilisation d'équipements moins polluants, ainsi que le développement de la recherche sur le climat et les technologies connexes, afin de réduire les émissions de gaz à effet de serre de 18% par million de dollars produits par les industries sur dix ans. Ces mesures se veulent une alternative au protocole de Kyoto sur les changements climatiques de 1997 rejeté par les Etats-Unis.

4 juin 2002. Le Japon ratifie le Protocole de Kyoto (PK).

26 août-4 septembre 2002. Lors du Sommet sur le développement durable organisé à Johannesburg (Afrique du Sud), le Canada, et la Russie déclarent leur intention de ratifier le Protocole de Kyoto. (La ratification russe est indispensable à l'entrée en vigueur du Protocole). La Chine l'a ratifié le 30 août.

23 octobre-1er novembre 2002. 8ème Conférence des Nations unies sur les changements climatiques à New Delhi. La déclaration finale de la conférence, qui réunit 185 pays, réitère la nécessité de ratifier le Protocole de Kyoto sur la limitation des émissions de CO2, mais, sous la pression des Etats-Unis et des pays du Sud, ne prévoit pas d'élargissement des engagements de Kyoto aux pays en développement après 2012.

19-21 février 2003. 20ème session du Groupe d'experts intergouvernementaux sur l'évolution du climat (**GIEC**) à Paris. Présidé par l'Indien Rajendra Pachauri, le GIEC, groupe d'experts de l'ONU créé en 1988 par l'Organisation météorologique mondiale et le Programme des Nations unies pour l'environnement, lance la réflexion sur son 4ème rapport pour la période 2003-2007.

29 septembre-3 octobre 2003. Lors de la conférence scientifique internationale sur le changement climatique, réunie à Moscou, la Russie exclut de ratifier rapidement le Protocole de Kyoto sur la limitation des gaz à effet de serre.

1er-12 décembre 2003. 9ème Conférence des Nations unies sur les changements climatiques à Milan (Italie).
Lors de la conférence, la Russie, de qui dépend l'entrée en vigueur du Protocole de Kyoto, ne lève pas tous les doutes sur ses intentions de le ratifier.
120 pays sur les 188 représentés à Milan l'ont actuellement ratifié, et les Etats-Unis, qui l'ont rejeté en 2001, apparaissent isolés. L'Iran, l'Ukraine, le Yémen et le Kazakhstan annoncent leur ratification prochaine.

22 octobre 2004. La Russie ratifie le Protocole de Kyoto. En approuvant le projet de loi de ratification, les députés russes ouvrent la voie à l'entrée en vigueur du Protocole de Kyoto, qui sera effective le 16 février 2005. En effet, pour entrer en vigueur, l'accord international, qui engage les pays industriels à diminuer leurs rejets de gaz à effet de serre de 5,2% en 2010 par rapport à leur niveau de 1990, devait être ratifié par au moins 55 pays représentant 55% des émissions de CO_2.

6-17 décembre 2004. 10ème Conférence des Nations unies sur les changements climatiques à Buenos Aires (Argentine). Célébration du 10ème anniversaire de l'entrée en vigueur de la Convention sur les changements climatiques de 1992 et débat sur l'avenir des négociations climatiques à l'expiration du protocole de Kyoto en 2012.

2006. Aboutissement du programme Provor : 3000 flotteurs dérivants répartis sur tous les océans transmettront la salinité et la température des eaux profondes.

2007. Lancement du satellite SMOS, qui permettra de connaître la salinité de surface des océans.

12 octobre 2007 : Le prix Nobel de la paix est attribué à l'ancien vice-président américain Al Gore, et au GIEC (Groupe intergouvernemental des Nations unies sur l'évolution du climat), pour "leurs efforts de collecte et de diffusion des connaissances sur les changements climatiques provoqués par l'Homme".

17 novembre 2007 : Publication du 4ème volume du rapport du Groupe intergouvernemental sur l'évolution du climat (GIEC) "Changement climatique 2007: les mesures politiques" qui une hausse de température moyenne de 1,8 à 4 degrés, pouvant aller jusqu'à 6,4 degrés en 2100 par rapport à 1990.

3 décembre 2007 : Ratification du protocole de Kyoto par l'Australie. Les Etats-Unis sont désormais le seul pays industrialisé à n'avoir pas ratifié le Protocole de Kyoto.

3-14 décembre 2007 : 13ème Conférence des Nations unies sur les changements climatiques à Bali (Indonésie). Un accord est trouvé in extremis, à l'issue de deux semaines de négociations difficiles, sur la "feuille de route" qui doit aboutir en 2009, à Copenhague, à un nouveau traité. Celui-ci prendra la suite du Protocole de Kyoto sur la réduction des émissions des gaz à effet de serre, qui vient à échéance en 2012.

31 mars-4 avril 2008 : Ouverture de nouvelles négociations internationales sur le changement climatique à Bangkok (Thaïlande).

1-13 décembre 2008 : 14ème Conférence des Nations unies sur le climat à Poznam (Pologne). Elle est consacrée à l'avancée des négociations sur le traité appelé à remplacer le protocole de Kyoto.

12 décembre 2008 : Adoption du "paquet énergie climat" par le Conseil européen. Le Conseil européen de Bruxelles adopte un plan de lutte contre le réchauffement climatique pour la période 2013-2020: diminution de 20% des émissions de gaz à effet de serre (GES), augmentation à 20% de la part des énergies renouvelables dans la consommation énergétique totale de l'UE et amélioration de 20% de l'efficacité énergétique de l'Union européenne.

5 février 2009 : Le Fonds d'investissements pour le climat lance une première aide destinée à huit pays ; à Bangladesh, à la Bolivie, au Cambodge, au Mozambique, au Népal, au Niger, au Tadjikistan et à la Zambie.

1er-12 juin 2009 : 2ème session de négociations du futur accord sur le changement climatique, à Bonn (Allemagne). Les délégués de 183 pays -sur les 192 parties à la Convention des Nations unies sur le climat (CNUCC)- font le constat de leurs nombreux désaccords en entamant la lecture du premier texte de négociations qui leur est soumis.

22-23 juin 2009 : Réunion du Forum des économies majeures sur l'énergie et le climat (FEM) à Jiutepec (Mexique).

22 septembre 2009 : Sommet, à New York, sur la lutte contre le changement climatique. A l'initiative du secrétaire général de l'ONU, Ban Ki-moon, une centaine de chefs d'État se rencontrent pour tenter de trouver un compromis dans les négociations internationales sur le changement climatique dans l'impasse depuis plusieurs mois.

18 février 2010. Annonce de la démission du secrétaire exécutif de la Convention cadre des Nations unies sur le changement climatique (CCNUCC), Yvo de Boer :

Cette annonce, qui sera effective à partir du 1er juillet, survient deux mois après le semi-echec de Copenhague. Dans le même temps, le GIEC (Groupe intergouvernemental d'experts sur l'évolution du climat) fait l'objet de controverses concernant le débat scientifique ou la publication de données inexactes.

30 août 2010. Rapport sur le fonctionnement du Groupe d'experts intergouvernemental sur le climat (GIEC) : Ce document fait suite à un certain nombre d'erreurs découvertes dans le rapport 2007 du Groupe. Il a été commandé en mars 2010, par le président du GIEC, Rajendra Pachauri, et le secrétariat général des Nations unies, au Conseil interacadémique (InterAcademy Council, IAC), composé de 15 académies des sciences de différents pays. Tout en reconnaissant la qualité du travail réalisé par les experts, l'IAC conclut à la nécessité d'une réforme en profondeur du GIEC pour qu'il retrouve une crédibilité. Il appelle pour ce faire, à la création d'un comité exécutif avec des personnalités extérieures pour plus de transparence et de souplesse. Il suggère d'adopter des consignes plus rigoureuses sur l'utilisation des informations issues de données non publiées et d'améliorer la communication. Enfin, il recommande fortement de limiter la durée du mandat du président du GIEC pour "conserver une approche neuve"

10 décembre 2010. Accord au sommet de Cancun (Mexique), sur le climat:
La 16ème conférence des parties signataires de la Convention cadre de l'ONU sur le climat (UNFCC), réunit les représentants de 192 pays. Ces derniers adoptent à la quasi unanimité (sauf la Bolivie), un texte mettant en place une série de mécanismes financiers pour lutter contre le réchauffement climatique et promouvoir l'adaptation à ses effets. Un Fonds vert est créé pour soutenir les projets, programmes et politiques d'adaptation des pays en développement. La mise en place du mécanisme REDD (Ressources pour le développement durable) qui consiste à rémunérer financièrement les populations locales impliquées dans la gestion des forêts. L'accord de Cancun ne repose que sur des mécanismes non-contraignants, confirmant les engagements unilatéraux adoptés à la conférence de Copenhague de 2009, et ne prévoit rien pour prolonger le protocole de Kyoto au delà de 2012.

3-8 avril 2011. Conférence des Nations unies sur les changements climatiques, à Bangkok:
Les représentants de plus de 190 pays se retrouvent pour la reprise des pourparlers sur le changement climatique, en préparation de la conférence de Durban à la fin de 2011, dans un contexte marqué par la crise nucléaire au Japon et ses conséquences sur la lutte contre le réchauffement de la planète.

28 novembre-11 décembre 2011. Accord pour un nouveau pacte mondial sur le climat en 2015, lors de la conférence de Durban II en Afrique du Sud.
La 17ème conférence des Nations unies sur le climat réunissant 190 pays s'achève par une feuille de route pour un accord prévoyant d'établir d'ici à 2015 un pacte global de réduction des émissions de gaz à effet de serre dont l'entrée en vigueur est

prévue à l'horizon 2020. Le texte englobe pour la première fois tous les pays dans la lutte contre le réchauffement climatique, notamment les plus gros pollueurs, la Chine, l'Inde et les Etats-Unis. Il ne prévoit toutefois ni contrainte juridique, ni hausse du niveau des mesures pour réduire les émissions de gaz à effet de serre, afin de limiter le réchauffement sous le seuil de 2°C. Les organisations non gouvernementales critiquent à l'unanimité l'absence de nouveaux engagements concrets. La feuille de route prévoit également la prolongation du protocole de Kyoto - qui fixe des objectifs de réduction des gaz à effet de serre à une quarantaine de pays industrialisés, après son expiration prévue fin 2012. La décision de Durban fixe une deuxième période dont la durée (5 ou 8 ans) doit encore être débattue. Toutefois, si l'Union européenne s'engage dans cette voie, le Canada, la Russie et le Japon refusent cette prolongation. De surcroit, le Canada annonce, le 12 décembre, son intention de se retirer dès à présent du protocole de Kyoto. Enfin, un Fonds vert pour le climat, mécanisme financier acté à la conférence de Cancun en 2010 et destiné à aider les pays pauvres à faire face au réchauffement climatique, est officiellement créé.

20-22 juin 2012. Sommet de la terre dit "Rio + 20", à Rio de Janeiro (Brésil): Vingt ans après le Sommet de 1992 qui a fait de l'environnement une priorité mondiale, le sommet des Nations unies sur le développement durable, précédé par des mois de discussions et de négociations, réunit 130 pays. Présidé par la chef de l'Etat brésilien, Dilma Rousseff, le sommet s'achève avec l'adoption d'un compromis à minima, alors que le rapport "Geo-5" établi par le Programme des Nations unies pour l'environnement (PNUE) établit que, sur 90 objectifs prioritaires en 1992, seulement quatre ont connu des progrès significatifs, dont celui de la disparition des molécules portant atteinte à la couche d'ozone (les CFC notamment). L'objectif de réduction des émissions de gaz à effet de serre n'a, par contre, pas connu de progrès et ceux-ci devraient doubler d'ici 2050. Dans le communiqué final, "L'avenir que nous voulons", les Etats s'engagent à promouvoir une "économie verte" épargnant les ressources naturelles de la planète et éradiquant la pauvreté, mais les critiques sont nombreuses sur l'absence d'objectifs contraignants et de financement. Les 25 domaines particulièrement ciblés vont de l'éradication de la pauvreté, la sécurité alimentaire, l'eau, l'énergie, le transport, la santé, l'emploi, aux océans, au changement climatique, à la consommation et la production durables.

Oui, je veux morebooks!

i want morebooks!

Buy your books fast and straightforward online - at one of the world's fastest growing online book stores! Environmentally sound due to Print-on-Demand technologies.

Buy your books online at
www.get-morebooks.com

Achetez vos livres en ligne, vite et bien, sur l'une des librairies en ligne les plus performantes au monde!
En protégeant nos ressources et notre environnement grâce à l'impression à la demande.

La librairie en ligne pour acheter plus vite
www.morebooks.fr

OmniScriptum Marketing DEU GmbH
Heinrich-Böcking-Str. 6-8
D - 66121 Saarbrücken
Telefax: +49 681 93 81 567-9

info@omniscriptum.de
www.omniscriptum.de

Printed by Books on Demand GmbH, Norderstedt / Germany